高等学校"十三五"教师教育系列规划教材

教育部卓越教师培养计划改革项目成果教材

数学

（第四册）

丛书总主编　黄　琳

丛书副总主编　李学全　禹建柏　匡代军

丛书主审　徐庆军

本册主编　杨柳笑

副主编　邓　勇　覃亚平

参编人员　程立正　向美红　刘乐乐

南京大学出版社

图书在版编目(CIP)数据

数学. 第四册 / 杨柳笑主编. -- 南京 ：南京大学
出版社，2020.1(2024.1 重印)

ISBN 978 - 7 - 305 - 22726 - 4

Ⅰ. ①数… Ⅱ. ①杨… Ⅲ. ①数学－高等师范院校－
教材 Ⅳ. ①O1

中国版本图书馆 CIP 数据核字(2019)第 273796 号

出版发行　南京大学出版社
社　　址　南京市汉口路 22 号　　　　邮　编　210093
书　　名　**数学（第四册）**
　　　　　SHUXUE (DI SI CE)
主　　编　杨柳笑
责任编辑　曹　森　钱梦菊　　　　　编辑热线　025 - 83686756
照　　排　南京南琳图文制作有限公司
印　　刷　南京玉河印刷厂
开　　本　787 mm×1092 mm　1/16　印张 13.25　字数 323 千
版　　次　2020 年 1 月第 1 版　2024 年 1 月第 3 次印刷
ISBN 978 - 7 - 305 - 22726 - 4
定　　价　42.00 元

网址：http://www.njupco.com
官方微博：http://weibo.com/njupco
官方微信号：njupress
销售咨询热线：(025) 83594756

数学是研究空间形式和数量关系的科学,是科学和技术的基础,也是人类文化的重要组成部分.通过数学学习,能够提高学生的思维能力、运算能力、空间想象能力、解决实际问题的能力等.本教材是依托教育部"卓越教师培养计划",为初中起点的学生而编写的教材,目的是让学生通过学习掌握必要的数学基础知识和培养其数学素养,从而习得必需的知识与技能,为学习专业知识、掌握职业技能奠定基础.

本教材注重与九年义务教育阶段数学课程的衔接,同时在选材上注重突出职业特色,贴近学生实际,贴近生活,图文并茂,利用多种形式,生动有趣地呈现知识素材,并且从学生的认知规律出发,以"引入—得出概念和结论—新知思考—例题—练习"为主线,展现数学概念和结论的形成过程,体现从具体到抽象、从特殊到一般的原则.本教材突出科学性、实用性、针对性、持续性和趣味性等特点,旨在把知识学习、能力培养与情感体验三个目标有机地结合起来,使学生从一个主题出发,既获得了知识,又提高了能力,注重培养学生的数学核心能力和师范生的职业能力.

本教材按知识的逻辑顺序及课时的分配划分章节,每小节配备练习,供学生课堂随练;每大节配备习题,并按难易程度分 A、B 两组,以满足基础不同、要求不同的学生课后练习;每章根据重难点配备了一定量的微课讲解片段及练习答案;每章均配备了阅读材料,作为教材的引申,丰富学生的知识;每章末都有知识结构图、知识回顾、方法总结、复习参考题等部分.另外,本教材还提供配套的学习指导用书,供学生课后复习巩固.

本书既可作为初中起点五年制和六年制学前教育专业学生的教材,也可以作为初中起点五年制和六年制小学教育专业学生的教材,还可作为中等职业技术院校学生的数学学习参考教材.

本册由长沙师范学院的杨柳笑老师主编,邓勇(长沙师范学院)、覃亚平(长沙师范学院）、程立正（长沙师范学院）、向美红（长沙师范学院）、刘乐乐（长沙师范学院）等老师参编．参加编写的老师具体分工如下：向美红编写第十四章，覃亚平编写第十五章，邓勇编写第十六章，刘乐乐编写第十七章，程立正编写第十八章，杨柳笑编写学习指导用书．

　　对在本教材编写过程中给予诸多支持、帮助的各位领导、老师表示衷心的感谢！

　　由于时间紧迫，编者水平有限，教材中有不当之处，恳请各位专家、同行和读者批评指正．

编　者

目录

微信扫码

获取配套数字资源

第十五章 统 计

第十六章 计数原理

第十七章 概 率

第十八章　随机变量及其分布

本书部分数学符号

$p \wedge q$	p 且 q
$p \vee q$	p 或 q
$\neg p$	p 的否定;非 p
$p \Rightarrow q$	若 p 则 q
$p \Leftrightarrow q$	$p \Rightarrow q$,且 $q \Rightarrow p$;p 等价于 q
$\forall x \in M, p(x)$	对于每一个属于 M 的 x,$p(x)$ 成立
$\exists x_0 \in M, p(x_0)$	存在 M 中的 x_0 使得 $p(x_0)$ 成立
$f_n(A)$	事件 A 出现的频率
A_n^m	从 n 个不同元素中取出 m 个元素的排列数
C_n^m	从 n 个不同元素中取出 m 个元素的组合数
$n!$	n 的阶乘
Ω	基本事件的全体
$\overline{A}$	事件 A 的对立事件
$n(A)$	事件 A 中基本事件的个数
$P(A)$	事件 A 的概率
$E(X)$	随机变量 X 的均值
$D(X)$	随机变量 X 的方差
$N(\mu, \sigma^2)$	均值为 μ,方差为 σ^2 的正态分布
$B(n, p)$	以 n 和 p 为参数的二项分布
$\sum$	累计求和符号

第十四章　常用逻辑用语

微信扫一扫
获取本章资源

　　在我们日常交往、学习和工作中,逻辑用语是必不可少的工具. 正确使用逻辑用语是现代社会公民应该具备的基本素质.

　　数学是一门逻辑性很强的学科,表述数学概念和结论、进行推理和论证都要使用逻辑用语. 学习一些常用逻辑用语,可以使我们正确理解数学概念、合理论证数学结论、准确表达数学内容.

　　本章,我们将学习命题、四种命题之间的关系、充分条件与必要条件、简单的逻辑联结词、全称量词与存在量词等一些基本知识. 通过学习和使用常用逻辑用语,掌握常用逻辑用语的用法,纠正出现的逻辑错误,体会运用常用逻辑用语表述数学内容的准确性、简洁性.

14.1 命题及其关系

14.1.1 命 题

> **思考：** 下列语句的表述形式有什么特点？你能判断它们的真假吗？
>
> (1) 若直线 $a /\!/ b$，则直线 a 和直线 b 无公共点；
>
> (2) $2+4=7$；
>
> (3) 垂直于同一条直线的两个平面平行；
>
> (4) 若 $x^2=1$，则 $x=1$；
>
> (5) 两个全等三角形的面积相等；
>
> (6) 3 能被 2 整除．

可以看出，这些语句都是陈述句，并且可以判断真假．其中语句(1)(3)(5)判断为真，语句(2)(4)(6)判断为假．

一般地，在数学中我们把用语言、符号或式子表达的，可以判断真假的陈述句叫作命题(proposition)，其中判断为真的语句叫作真命题(true proposition)，判断为假的命题叫作假命题(false proposition)．

所以，在上面的语句中，(1)(3)(5)是真命题，(2)(4)(6)假命题．

例 1 下列语句中哪些是命题？是真命题还是假命题？

(1) 空集是任何集合的子集；

(2) 若整数 a 是素数，则 a 是奇数；

(3) 指数函数是增函数吗？

(4) 若空间中两条直线不相交，则这两条直线平行；

(5) $\sqrt{(-2)^2}=2$；

(6) $x>15$．

分析： 判断一个语句是不是命题，就是要看它是否符合"是陈述句"和"可以判断真假"这两个条件．

解： 上面 6 个语句中，(3)不是陈述句，所以它不是命题；(6)虽然是陈述句，但因为无法判断它的真假，所以它不是命题；其余 4 个都是陈述句，而且都可以判断真假，所以它们都是命题，其中(1)(5)是真命题，(2)(4)是假命题．

容易看出，例 1 中的(2)(4)命题具有

$$\text{"若 } p\text{，则 } q\text{"}$$

的形式．在数学中，这种形式的命题是常见的．另外(1)(5)也可以用此形式表示出来．

通常，我们把这种形式的命题中的 p 叫作命题的条件，q 叫作命题的结论．

例 2 指出下列命题中的条件 p 和结论 q．

(1) 若整数 a 能被 2 整除，则 a 是偶数；

(2) 若四边形是菱形，则它的对角线互相垂直且平分．

解：(1) 条件 p：整数 a 能被 2 整除，结论 q：整数 a 是偶数.

(2) 条件 p：四边形是菱形，结论 q：四边形的对角线互相垂直且平分.

数学中有一些命题虽然表面上不是"若 p，则 q"的形式，例如"垂直于同一条直线的两个平面平行"，但是把它的表述做适当的改变，就可以写成"若 p，则 q"的形式：

若两个平面垂直于同一条直线，则这两个平面平行.

这样，它的条件和结论就很清楚了.

例 3　将下列命题改写成"若 p，则 q"的形式，并判断真假：

(1) 垂直于同一条直线的两条直线平行；

(2) 负数的立方是负数；

(3) 对顶角相等.

解：(1) 若两条直线垂直于同一条直线，则这两条直线平行.

它是假命题.

(2) 若一个数是负数，则这个数的立方是负数.

它是真命题.

(3) 若两个角是对顶角，则这两个角相等.

它是真命题.

随堂练习 ▶

1. 举出一些命题的例子，并判断它们的真假.

2. 判断下列命题的真假.

(1) 能被 6 整除的整数一定能被 3 整除；

(2) 若一个四边形的四条边相等，则这个四边形是正方形；

(3) 二次函数的图像是一条抛物线；

(4) 两个内角是 45° 的三角形是等腰三角形.

3. 把下列命题改写成"若 p，则 q"的形式，并判断它们的真假.

(1) 等腰三角形两腰的中线相等；

(2) 偶函数的图像关于 y 轴对称；

(3) 垂直于同一个平面的两个平面平行.

14.1.2　四种命题

思考：下列四个命题中，命题(1)和命题(2)(3)(4)的条件和结论之间分别有什么关系？

(1) 若 $f(x)$ 是正弦函数，则 $f(x)$ 是周期函数；

(2) 若 $f(x)$ 是周期函数，则 $f(x)$ 是正弦函数；

(3) 若 $f(x)$ 不是正弦函数，则 $f(x)$ 不是周期函数；

(4) 若 $f(x)$ 不是周期函数，则 $f(x)$ 不是正弦函数.

可以看到，命题(1)的条件是命题(2)的结论，且命题(1)的结论是命题(2)的条件，即它们的条件和结论互换了．

一般地，对于两个命题，如果一个命题的条件和结论分别是另一个命题的结论和条件，那么我们把这两个命题叫作**互逆命题**．其中一个命题叫作原命题（original proposition），另一个叫作原命题的逆命题（inverse proposition）．也就是说，如果原命题为

$$"若\ p，则\ q"，$$

那么它的逆命题为

$$"若\ q，则\ p"．$$

因此，将一个已知命题的条件和结论互换，就可以得到一个新的命题，它是已知命题的逆命题．

例如，将命题"同位角相等，两直线平行"的条件和结论互换，就得到它的逆命题"两直线平行，同位角相等"．

> **探究**：1. 举出一些互逆命题的例子，并判断原命题与逆命题的真假．
> 2. 如果原命题是真命题，那么它的逆命题一定是真命题吗？

对于命题(1)(3)，其中一个命题的条件和结论恰好是另一个命题的条件的否定和结论的否定，我们把这样的两个命题叫作**互否命题**．如果把其中的一个命题叫作**原命题**，那么，另外一个叫作原命题的**否命题**（negative proposition）．也就是说，如果原命题为

$$"若\ p，则\ q"，$$

那么它的否命题为

$$"若\ \neg p，则\ \neg q"，$$

其中，"$\neg p$"和"$\neg q$"分别读作"非 p"和"非 q"．

例如，如果原命题是"同位角相等，两直线平行"，那么它的否命题是"同位角不相等，两直线不平行"．

又如，如果原命题是"若整数 a 不能被 2 整除，则 a 是奇数"，那么它的否命题是"若整数 a 能被 2 整除，则 a 是偶数"．

> **探究**：1. 举出一些互否命题的例子，并判断原命题与否命题的真假．
> 2. 如果原命题是真命题，那么它的否命题一定是真命题吗？

对于命题(1)(4)，其中一个命题的条件和结论恰好是另一个命题的结论的否定和条件的否定，我们把这样的两个命题叫作**互为逆否命题**．如果把其中一个命题叫作**原命题**，那么另一个命题叫作此原命题的**逆否命题**（inverse and negative proposition）．也就是说，如果原命题为

$$"若\ p，则\ q"，$$

那么它的逆否命题为

$$\text{"若} \neg q,\text{则} \neg p\text{"}.$$

例如,如果原命题是"同位角相等,两直线平行",那么它的逆否命题是"两直线不平行,同位角不相等".

> 探究:1. 举出一些互为逆否命题的例子,并判断原命题与逆否命题的真假.
>
> 　　2. 如果原命题是真命题,那么它的逆否命题一定是真命题吗?

下面,我们将上述四种情况概括一下.

设命题(1)"若 p,则 q"是原命题,那么

命题(2)"若 q,则 p"是原命题的逆命题;

命题(3)"若 $\neg p$,则 $\neg q$"是原命题的否命题;

命题(4)"若 $\neg q$,则 $\neg p$"是原命题的逆否命题.

随堂练习 ▶

写出下列命题的逆命题、否命题和逆否命题,并判断它们的真假.

(1) 若一个整数的末位数字是 0,则这个整数能被 5 整除;

(2) 若一个三角形的两条边相等,则这个三角形的两个角相等;

(3) 奇函数的图像关于原点对称.

14.1.3　四种命题的相互关系

思考:观察下面四个命题.

(1) 若 $f(x)$ 是正弦函数,则 $f(x)$ 是周期函数;

(2) 若 $f(x)$ 是周期函数,则 $f(x)$ 是正弦函数;

(3) 若 $f(x)$ 不是正弦函数,则 $f(x)$ 不是周期函数;

(4) 若 $f(x)$ 不是周期函数,则 $f(x)$ 不是正线函数.

我们已经知道命题(1)与命题(2)(3)(4)之间的关系,你能说出其中任意两个命题的相互关系吗?

我们发现,命题(2)(3)互为逆否命题,命题(2)(4)是互否命题,命题(3)(4)是互逆命题.

一般地,原命题、逆命题、否命题与逆否命题之间的关系,如图 14.1.1 所示.

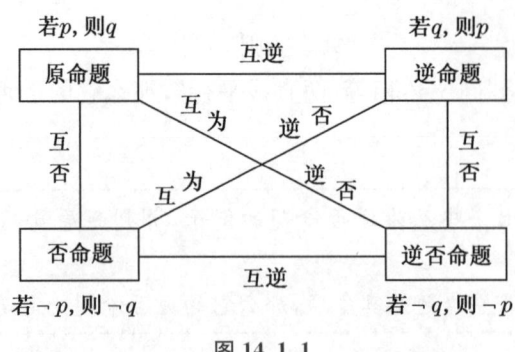

图 14.1.1

上面讲述了四种命题之间的关系. 那么，它们的真假性是否也有一定的关系呢？

以上述的命题(1)～(4)为例，并设命题(1)是原命题. 那么，我们容易判断，原命题(1)是真命题，它的逆命题(2)是假命题，它的否命题(3)是假命题，而它的逆否命题(4)是真命题.

> **探究**：1. 以"若 $x^2-3x+2=0$，则 $x=2$"为原命题，写出它的逆命题、否命题与逆否命题，并判断这些命题的真假.
>
> 2. 分析其他的一些命题，你能从中发现四种命题的真假性之间有什么规律吗？

一般地，四种命题的真假性，有且仅有下面四种情况：

原命题	逆命题	否命题	逆否命题
真	真	真	真
真	假	假	真
假	真	真	假
假	假	假	假

由于逆命题和否命题互为逆否命题，因此，四种命题的真假性之间的关系如下：

(1) 两个命题互为逆否命题，它们有相同的真假性；

(2) 两个命题为互逆命题或互否命题，它们的真假性没有关系.

由于原命题和它的逆否命题有相同的真假性，所以如果在直接证明某一个命题为真命题有困难时，可以通过证明它的逆否命题为真命题，来间接证明原命题为真命题.

例 4 证明：若 $x^2+y^2=0$，则 $x=y=0$.

分析：将"若 $x^2+y^2=0$，则 $x=y=0$"视为原命题. 要证明原命题为真命题，可以考虑证明它的逆否命题"若 x,y 中至少有一个不为 0，则 $x^2+y^2\neq0$"为真命题，从而达到证明原命题为真命题的目的.

证明：若 x,y 中至少有一个不为 0，不妨设 $x\neq0$，则 $x^2>0$，所以

$$x^2+y^2>0,$$

也就是说 $x^2+y^2\neq 0$.

因此,原名命题的逆否命题为真命题,从而原命题也为真命题.

随堂练习 ▶

证明:若 $a^2-b^2+2a-4b-3\neq 0$,则 $a-b\neq 1$.

习题 14.1

A 组

1. 判断下列语句是不是命题.

(1) $12>5$;

(2) 若 a 为正无理数,则 $\sqrt{a}$ 是无理数;

(3) $x\in\{1,2,3,4,5\}$;

(4) 正弦函数是周期函数吗?

2. 写出下列命题的逆命题、否命题和逆否命题,并判断它们的真假.

(1) 若 a,b 都是偶数,则 $a+b$ 是偶数;

(2) 若 $m>0$,则方程有实数根.

3. 把下列命题改写成"若 p,则 q"的形式,并写出它们的逆命题、否命题和逆否命题,然后判断它们的真假.

(1) 线段的垂直平分线上的点到这条线段两个端点的距离相等;

(2) 矩形的对角线相等.

4. 求证:若一个三角形的两条边不相等,则这两条边所对的角也不相等.

B 组

求证:圆的两条不是直径的相交弦不能互相平分.

14.2 充分条件与必要条件

14.2.1 充分条件与必要条件

前面我们讨论了"若 p,则 q"形式的命题,其中有的命题为真命题,有的命题为假命题. 例如,下列两个命题中:

(1) 若 $x>a^2+b^2$,则 $x>2ab$;

(2) 若 $ab=0$，则 $a=0$.

命题(1)为真命题，命题(2)为假命题.

一般地，"若 p，则 q"为真命题，是指由 p 通过推理可以得出 q. 这时，我们就说，由 p 可推出 q，记作

$$p \Rightarrow q,$$

并且说 p 是 q 的 **充分条件**（sufficient condition），q 是 p 的 **必要条件**（necessary condition）.

上面的命题(1)是真命题，即

$$x>a^2+b^2 \Rightarrow x>2ab,$$

所以，"$x>a^2+b^2$"是"$x>2ab$"的充分条件，"$x>2ab$"是"$x>a^2+b^2$"的必要条件.

例1 下列"若 p，则 q"形式的命题中，哪些命题中的 p 是 q 的充分条件？

(1) 若 $x=1$，则 $x^2-4x+3=0$；

(2) 若 $f(x)=x$，则 $f(x)$ 在 $(-\infty,+\infty)$ 上为增函数；

(3) 若 x 为无理数，则 x^2 为无理数.

解：命题(1)(2)是真命题，命题(3)是假命题. 所以，命题(1)(2)中的 p 是 q 的充分条件.

如果"若 p，则 q"为假命题，那么由 p 推不出 q，记作 $p \nRightarrow q$. 此时，我们就说 p 不是 q 的充分条件，q 不是 p 的必要条件.

例如，例1中的命题(3)是假命题，那么

$$x \text{ 为无理数} \nRightarrow x^2 \text{ 为无理数},$$

所以，"x 为无理数"不是"x^2 为无理数"的充分条件，"x^2 为无理数"不是"x 为无理数"的必要条件.

例2 下列"若 p，则 q"形式的命题中，哪些命题中的 q 是 p 的必要条件？

(1) 若 $x=y$，则 $x^2=y^2$；

(2) 若两个三角形全等，则这两个三角形的面积相等；

(3) 若 $a>b$，则 $ac>bc$.

解：命题(1)(2)是真命题，命题(3)是假命题，所以，命题(1)(2)中的 q 是 p 的必要条件.

随堂练习

1. 用符号"$\Rightarrow$"与"$\nRightarrow$"填空.

(1) $x^2=y^2$ _____ $x=y$.

(2) 内错角相等 _____ 两直线平行.

(3) 整数 a 能被 6 整除 _____ a 的个位数字为偶数.

(4) $ac=bc$ _____ $a=b$.

2. 下列"若 p，则 q"形式的命题中，哪些命题中的 p 是 q 的充分条件？

(1) 若两条直线的斜率相等，则这两条直线平行；

(2) 若 $x>5$，则 $x>10$.

3. 下列"若 p，则 q"形式的命题中，哪些命题中的 q 是 p 的必要条件？

(1) 若 $a+5$ 是无理数，则 a 是无理数；

(2) 若 $(x-a)(x-b)=0$，则 $x=a$.

4. 判断下列命题的真假.

(1) $x=2$ 是 $x^2-4x+4=0$ 的必要条件；

(2) 圆心到直线的距离等于半径是这条直线为圆的切线的必要条件；

(3) $\sin\alpha=\sin\beta$ 是 $\alpha=\beta$ 的充分条件；

(4) $ab\neq0$ 是 $a\neq0$ 的充分条件.

14.2.2 充要条件

思考： 已知 p：整数 a 是 6 的倍数，q：整数 a 是 2 和 3 的倍数. 那么 p 是 q 的什么条件？q 又是 p 的什么条件？

在上述问题中，$p\Rightarrow q$，所以 p 是 q 的充分条件，q 是 p 的必要条件.

另一方面，$q\Rightarrow p$，所以 p 也是 q 的必要条件，q 也是 p 的充分条件.

一般地，如果既有 $p\Rightarrow q$，又有 $q\Rightarrow p$，就记作

$$p\Leftrightarrow q.$$

此时，我们说，p 是 q 的**充分必要条件**，简称**充要条件**（sufficient and necessary condition）. 显然，如果 p 是 q 的充要条件，那么 q 也是 p 的充要条件.

概括地说，如果 $p\Leftrightarrow q$，那么 p 与 q 互为充要条件.

例 3 下列各命题中，哪些 p 是 q 的充要条件？

(1) p：$b=0$，q：函数 $f(x)=ax^2+bx+c$ 是偶函数；

(2) p：$x>0,y>0$，q：$xy>0$；

(3) p：$a>b$，q：$a+c>b+c$.

解： 在(1)(3)中，$p\Leftrightarrow q$，所以(1)(3)中的 p 是 q 的充要条件. 在(2)中，$q\not\Rightarrow p$，所以(2)中的 p 不是 q 的充要条件.

例 4 已知：圆 O 的半径为 r，圆心 O 到直线 l 的距离为 d. 求证：$d=l$ 是直线 l 与圆 O 相切的充要条件.

分析： 设 p：$d=r$，q：直线 l 与圆 O 相切. 要证 p 是 q 的充要条件，只需分别证明充分性（$p\Rightarrow q$）和必要性（$q\Rightarrow p$）即可.

证明： 如图 14.2.1 所示，作 $OP\perp l$ 于点 P，则 $OP=d$.

(1) 充分性（$p\Rightarrow q$）：若 $d=r$，则点 P 在圆 O 上. 在直线 l 上任取一点 Q（异于点 P），连接 OQ. 在 $\mathrm{Rt}\triangle OPQ$ 中，$OQ>OP=r$. 所以，除点 P 外，直线 l 上的点都在圆 O

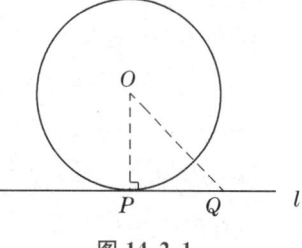

图 14.2.1

的外部,即直线 l 与圆 O 仅有一个公共点 P. 因此,直线 l 与圆 O 相切.

(2) 必要性($q \Rightarrow p$):若直线 l 与圆 O 相切,不妨设切点为 P,则 $OP \perp l$. 因此,$d = OP = r$.

随堂练习 ▶

1. 下列形如"若 p,则 q"的命题是真命题吗? 它的逆命题是真命题吗? p 是 q 的什么条件?

(1) 若平面 α 外一条直线 a 与平面 α 内一条直线平行,则直线 a 与平面 α 平行;

(2) 若数列 $\{a_n\}$ 的通项公式是 $a_n = n + c$(c 是常数),则数列 $\{a_n\}$ 是公差等于 1 的等差数列;

(3) 若直线 a 与平面 α 内两条直线垂直,则直线 a 与平面 α 垂直.

2. 在下列各题中,p 是 q 的什么条件?

(1) $p: x^2 = 3x + 4$,$q: x = \sqrt{3x + 4}$;

(2) $p: x - 3 = 0$,$q: (x - 3)(x - 4) = 0$;

(3) $p: x^2 - 4ac \geqslant 0 (a \neq 0)$,$q: ax^2 + bx + c = 0 (a \neq 0)$ 有实根;

(4) $p: x = 1$ 是方程 $ax^2 + bx + c = 0$ 的一个根,$q: a + b + c = 0$.

习题 14.2

A 组

1. 举例说明.

(1) p 是 q 的充分条件;

(2) p 是 q 的必要条件;

(3) p 是 q 的充要条件.

2. 判断下列命题的真假.

(1) "$a > b$"是"$a^2 > b^2$"的充分条件;

(2) "$|a| > |b|$"是"$a^2 > b^2$"的必要条件;

(3) "$a > b$"是"$a + c > b + c$"的必要条件.

3. 下列各题中,p 是 q 的什么条件?

(1) $p: x = 1$,$q: x - 1 = \sqrt{x - 1}$;

(2) $p: |x - 2| \leqslant 3$,$q: -1 \leqslant x \leqslant 5$;

(3) $p: x = 2$,$q: x - 3 = \sqrt{3 - x}$;

(4) p:三角形是等边三角形,q:三角形是等腰三角形.

4. 求圆 $(x-a)^2+(y-b)^2=r^2$ 经过原点的充要条件.

B 组

1. 已知 $A=\{x|x$ 满足条件 $p\}$，$B=\{x|x$ 满足条件 $q\}$.

(1) 如果 $A\subseteq B$，那么 p 是 q 的什么条件；

(2) 如果 $A\supseteq B$，那么 p 是 q 的什么条件；

(3) 如果 $A=B$，那么 p 是 q 的什么条件.

2. 求证：$\triangle ABC$ 是等边三角形的充要条件是

$$a^2+b^2+c^2=ab+ac+bc,$$

这里 a,b,c 是 $\triangle ABC$ 的三条边.

14.3　简单的逻辑联结词

在数学中，有时会使用一些联结词，如"且""或""非". 在生活中，我们也常常使用这些联结词，但表达的含义和用法不尽相同. 下面介绍数学中使用联结词"且""或""非"联结命题时的含义和用法.

14.3.1　且

思考：下列三个命题间有什么关系？

(1) 12 能被 3 整除；

(2) 12 能被 4 整除；

(3) 12 能被 3 整除且能被 4 整除.

可以看到，命题(3)是由命题(1)(2)使用联结词"且"联结得到的新命题.

一般地，用联结词"且"把命题 p 和命题 q 联结起来，就得到一个新命题，记作

$$p \wedge q,$$

读作"p 且 q".

一般地，我们规定：

当 p,q 都是真命题时，$p \wedge q$ 是真命题；当 p,q 两个命题中有一个命题是假命题时，$p \wedge q$ 是假命题.

上面"思考"中的命题(1)(2)都是真命题，所以命题(3)是真命题.

例 1　将下列命题用"且"联结成新命题，并判断它们的真假：

(1) p：平行四边形的对角线互相平分，q：平行四边形的对角线相等；

(2) p：菱形的对角线互相垂直，q：菱形的对角线互相平分；

(3) p：35 是 15 的倍数，q：35 是 7 的倍数.

解：(1) $p \wedge q$：平行四边形的对角线互相平分且相等.

由于 p 是真命题，q 是假命题，所以 $p \wedge q$ 是假命题.

(2) $p \wedge q$：菱形的对角线互相垂直且平分.

由于 p 是真命题，q 是真命题，所以 $p \wedge q$ 是真命题.

(3) $p \wedge q$：35 是 15 的倍数且是 7 的倍数.

由于 p 是假命题，q 是真命题，所以 $p \wedge q$ 是假命题.

例 2　用逻辑联结词"且"改写下列命题，并判断它们的真假.

(1) 1 既是奇数，又是素数；

(2) 2 和 3 都是素数.

解：(1) 命题"1 既是奇数，又是素数"可以改写为"1 是奇数且 1 是素数". 因为"1 是素数"是假命题，所以这个命题是假命题.

(2) 命题"2 和 3 都是素数"可以改写为"2 是素数且 3 是素数". 因为"2 是素数"与"3 是素数"都是真命题，所以这个命题是真命题.

14.3.2　或

思考：下列三个命题间有什么关系？

(1) 27 是 7 的倍数；

(2) 27 是 9 的倍数；

(3) 27 是 7 的倍数或是 9 的倍数.

命题(3)是由命题(1)(2)用联结词"或"联结得到的新命题.

一般地，用联结词"或"把命题 p 和命题 q 联结起来，就得到一个新命题，记作

$$p \vee q,$$

读作"p 或 q".

命题 $p \vee q$ 的真假如何确定呢？

一般地，我们规定：

当 p,q 两个命题中有一个命题是真命题时，$p \vee q$ 是真命题；当 p,q 两个命题都是假命题时，$p \vee q$ 是假命题.

上面"思考"中的命题(1)是假命题，命题(2)是真命题，所以命题(3)是真命题.

例 3　判断下列命题的真假.

(1) $2 \leqslant 2$；

(2) 集合 A 是集合 $A \cap B$ 的子集或是 $A \cup B$ 的子集；

(3) 周长相等的两个三角形全等或面积相等的两个三角形全等.

解：命题"$2 \leqslant 2$"是由命题，

$$p:2=2；q:2<2$$

用"或"联结后构成的新命题，即 $p \vee q$.

因为命题 p 是真命题，所以命题 $p \vee q$ 是真命题.

(2) 命题"集合 A 是集合 $A \cap B$ 的子集或是 $A \cup B$ 的子集"是由命题，

$$p: 集合 A 是集合 A \cap B 的子集;$$

$$q: 集合 A 是集合 A \cup B 的子集.$$

用"或"联结后构成的新命题，即 $p \vee q$.

因为命题 q 是真命题，所以命题 $p \vee q$ 是真命题.

(3) 命题"周长相等的两个三角形全等或面积相等的两个三角形全等"是由命题，

$$p: 周长相等的两个三角形全等;$$

$$q: 面积相等的两个三角形全等.$$

用"或"联结后构成的新命题，即 $p \vee q$.

因为命题 p, q 都是假命题，所以命题 $p \vee q$ 是假命题.

思考: 如果 $p \wedge q$ 为真命题，那么 $p \vee q$ 一定是真命题吗？ 反之，如果 $p \vee q$ 为真命题，那么 $p \wedge q$ 一定是真命题吗？

14.3.3 非

思考: 下列两个命题间有什么关系？

(1) 35 能被 5 整除；

(2) 35 不能被 5 整除.

可以看到，命题(2)是命题(1)的否定.

一般地，对一个命题全盘否定，就得到一个新命题，记作

$$\neg p,$$

读作"非 p"或"p 的否定".

上面"思考"中，命题(1)是真命题，命题(2)是假命题. 既然命题 $\neg p$ 是 p 的否定，那么 $\neg p$ 与 p 不能同为真命题，也不能同为假命题. 也就是说，

若 p 是真命题，则 $\neg p$ 必是假命题；若 p 是假命题，则 $\neg p$ 必是真命题.

例 4 写出下列命题的否定，并判断它们的真假.

(1) $p: y = \sin x$ 是周期函数；

(2) $p: 3 < 2$；

(3) $p: 空集是集合 A 的子集.$

解：(1) $\neg p: y = \sin x$ 不是周期函数.

命题 p 是真命题，$\neg p$ 是假命题.

(2) $\neg p: 3 \geqslant 2$.

命题 p 是假命题，$\neg p$ 是真命题.

(3) $\neg p: 空集不是集合 A 的子集.$

命题 p 是真命题，$\neg p$ 是假命题.

随堂练习 ▶

1. 判断下列命题的真假.

(1) 12 既是 48 又是 36 的约数；(2) 矩形的对角线互相垂直且平分.

2. 判断下列命题的真假.

(1) 47 是 7 的倍数或 49 是 7 的倍数； (2) 等腰梯形的对角线互相平分或互相垂直.

3. 写出下列命题的否定，然后判断它们的真假.

(1) 2+2＝5； (2) 3 是方程 $x^2-9=0$ 的根； (3) $\sqrt{(-1)^2}=-1$.

习题 14.3

A 组

1. 写出下列命题，并判断它们的真假.

(1) $p \vee q$，这里 p：$1 \in \{2,3\}$，q：$2 \in \{2,3\}$；

(2) $p \wedge q$，这里 p：$1 \in \{2,3\}$，q：$2 \in \{2,3\}$；

(3) $p \vee q$，这里 p：1 是奇数，q：6 是质数.

(4) $p \wedge q$，这里 p：1 是奇数，q：6 是质数.

2. 判断下列命题的真假.

(1) 4＞2 且 3＞1； (2) 2＞5 或 1＞0； (3) 5＜2.

3. 写出下列命题的否命题，并判断真假.

(1) 圆周率是有理数； (2) 6 不是 24 的约数； (3) 5＜9；

(4) 3＋9＝13； (5) 空集是任何集合的真子集.

B 组

1. 判断下列命题的真假并说明理由.

(1) $p \vee q$，这里 p：π 是无理数，q：π 是实数；

(2) $p \wedge q$，这里 p：π 是无理数，q：π 是实数；

(3) $p \vee q$，这里 p：9 是奇数，q：17 不是质数；

(4) $p \wedge q$，这里 p：9 是奇数，q：17 是质数.

14.4　全称量词与存在量词

14.4.1　全称量词

> **思考:**下列语句是命题吗？(1)与(3),(2)与(4)之间有什么关系？
> (1) $x>4$；
> (2) $2x+1$ 是整数；
> (3) 对所有的 $x\in\mathbf{R},x>4$；
> (4) 对任意一个 $x\in Z,2x+1$ 是整数.

我们知道,命题是可以判断真假的陈述句.语句(1)(2)含有变量 x,由于不知道变量 x 具体代表什么数,无法判断它们的真假,因而不是命题.语句(3)在(1)的基础上,用短语"对所有的"对变量 x 进行限定；语句(4)在(2)的基础上,用短语"对任意一个"对变量 x 进行限定,从而使(3)(4)成为可以判断真假的语句,因此语句(3)(4)是命题.

短语"对所有的""对任意一个"在逻辑中通常称为全称量词(universal quantifier),并用符号"$\forall$"表示.含有全称量词的命题,叫作全称命题.

例如,命题:

$$对任意的 n\in Z,2n+1 是奇数；$$
$$所有正方形都是矩形$$

都是全称命题.

一般地,将含有变量 x 的语句用 $p(x),q(x),r(x),\cdots$ 表示,变量 x 的取值范围用 M 表示.那么,全称命题"对 M 中任意一个 x,有 $p(x)$ 成立"可用符号简记为

$$\forall x\in M,p(x),$$

读作"对任意 x 属于 M,有 $p(x)$ 成立".

例 1　判断下面全称命题的真假:

(1) 所有的质数都是奇数；

(2) $\forall x\in\mathbf{R},x^2+1\geqslant 1$；

(3) 对每一个无理数 x,x^2 也是无理数.

解:(1) 2 是素数,但 2 不是奇数.因此,该全称命题是假命题.

(2) $\forall x\in\mathbf{R}$,总有 $x^2\geqslant 0$,所以 $x^2+1\geqslant 1$.因此,该全称命题是真命题.

(3) $\sqrt{2}$ 是无理数,但是 $(\sqrt{2})^2=2$ 是有理数.因此,该全称命题是假命题.

14.4.2　存在量词

> **思考：**下列语句是命题吗？(1)与(3),(2)与(4)之间有什么关系？
>
> (1) $2x+1=3$；
>
> (2) x 能被 2 和 3 整除；
>
> (3) 存在一个 $x_0 \in \mathbf{R}$,使得 $2x+1=3$；
>
> (4) 至少有一个 $x_0 \in \mathbf{Z}$,x_0 能被 2 和 3 整除.

容易判断,(1)(2)不是命题.语句(3)在(1)的基础上,用短语"存在一个"对变量 x 的取值进行限定,语句(4)在(2)的基础上,用"至少有一个"对变量 x 的取值进行限定,从而使(3)(4)变成了可以判断真假的语句,因此语句(3)(4)是命题.

短语"存在一个""至少有一个"在逻辑中通常叫作**存在量词**(existential quantifier).并用符号"∃"表示.含有存在量词的命题,叫作**特称命题**.

例如,命题：

$$有的平行四边形是菱形；$$

$$有一个素数不是奇数$$

都是特称命题.

特称命题"存在 M 中的一个 x_0,使 $p(x_0)$ 成立"可以用符号简记为

$$\exists x_0 \in M, p(x_0),$$

读作"存在一个 x_0 属于 M,使 $p(x_0)$ 成立".

例 2　判断下列特称命题的真假：

(1) 有一个实数 x_0,使得 $x_0^2+2x_0+3=0$；

(2) 存在两个相交平面垂直于同一条直线；

(3) 有些整数只有两个正因数.

解：(1) 由于 $\forall x \in \mathbf{R}, x^2+2x+3=(x+1)^2+2 \geqslant 2$,因此使 $x^2+2x+3=0$ 的实数 x 不存在.所以,该特称命题是假命题.

(2) 由于垂直于同一条直线的两个平面是互相平行的,因此不存在两个相交的平面垂直于同一条直线.所以,该特称命题是假命题.

(3) 由于存在整数 3 只有两个正因数 1 和 3,所以该特称命题是真命题.

随堂练习 ▶

1. 判断下列全称命题的真假.

(1) 每个指数函数都是单调函数；

(2) 任何实数都有算术平方根；

(3) $\forall x \in \{x 是无理数\}, x^2$ 是无理数.

2. 判断下列特称命题的真假.

(1) $\exists x_0 \in \mathbf{R}, x_0 \leqslant 0$；

(2) 至少有一个整数，它既不是合数，也不是素数；

(3) $\exists x_0 \in \{x \mid x$ 是无理数$\}, x_0^2$ 是无理数.

思考：写出下列命题的否定.

(1) 所有的矩形都是平行四边形；

(2) 每一个素数都是奇数；

(3) $\forall x \in \mathbf{R}, x^2 - 2x - 1 \geqslant 0$.

这些命题和它们的否定在形式上有什么变化？

14.4.3 含有一个量词的命题的否定

上面三个命题都是全称命题，即具有形式"$\forall x \in M, p(x)$". 其中命题(1)的否定是"并非所有的矩形都是平行四边形"，也就是说，

存在一个矩形不是平行四边形；

命题(2)的否定是"并非每一个素数都是奇数"，也就是说，

存在一个素数不是奇数；

命题(3)的否定是"并非所有的 $x \in \mathbf{R}, x^2 - 2x + 1 \geqslant 0$"，也就是说，

$$\exists x_0 \in \mathbf{R}, x_0^2 - 2x_0 + 1 < 0.$$

从命题形式看，这三个全称命题的否定都变成了特称命题.

一般地，对于含有一个量词的全称命题的否定，有下面的结论：

全称命题 p：

$$\forall x \in M, p(x),$$

它的否定 $\neg p$：

$$\exists x_0 \in M, \neg p(x_0).$$

全称命题的否定是特称命题.

例3 写出下列全称命题的否定.

(1) p：所有能被 3 整除的整数都是奇数；

(2) p：每一个四边形的四个顶点共圆；

(3) p：对任意 $x \in \mathbf{Z}, x^2$ 的个位数字不等于 3.

解：(1) $\neg p$：存在一个能被 3 整除的整数不是奇数.

(2) $\neg p$：存在一个四边形的四个顶点不共圆.

(3) $\neg p$：$\exists x_0 \in \mathbf{Z}, x_0^2$ 的个位数字等于 3.

探究：写出下列命题的否定.

(1) 有些实数的绝对值是正数；

(2) 某些平行四边形是菱形；

(3) $\exists x_0 \in \mathbf{R}, x_0^2 + 1 < 0$.

这些命题和它们的否定在形式上有什么变化？

这三个命题都是特称命题，即具有形式"$\exists x_0 \in M, p(x_0)$". 其中命题(1)的否定是"不存在一个实数，它的绝对值是正数"，也就是说，

$$所有实数的绝对值都不是正数；$$

命题(2)的否定是"没有一个平行四边形是菱形"，也就是说，

$$每一个平行四边形都不是菱形；$$

命题(3)的否定是"不存在 $x_0 \in \mathbf{R}, x_0^2 + 1 < 0$"，也就是说，

$$\forall x \in \mathbf{R}, x^2 + 1 \geqslant 0.$$

从命题形式看，这三个特称命题的否定都变成了全称命题.

一般地，对于含一个量词的特称命题的否定，有下面的结论：

特称命题 p：

$$\exists x_0 \in M, p(x_0),$$

它的否定 $\neg p$：

$$\forall x \in M, \neg p(x).$$

特称命题的否定是全称命题.

例4 写出下列特称命题的否定.

(1) $p: \exists x_0 \in \mathbf{R}, x_0^2 + 2x_0 + 2 \leqslant 0$；

(2) p：有的三角形是等边三角形；

(3) p：有一个素数含三个正因数.

解：(1) $\neg p: \forall x \in \mathbf{R}, x^2 + 2x + 2 > 0.$

(2) $\neg p$：所有三角形都不是等边三角形.

(3) $\neg p$：每一个素数都不含三个正因数.

随堂练习

1. 写出下列命题的否定.

(1) $\forall n \in \mathbf{Z}, n \in \mathbf{Q}$；

(2) 任意素数都是奇数；

(3) 每个指数函数都是单调函数.

2. 写出下列命题的否定.

(1) 有些三角形是直角三角形；

(2) 有的梯形是等腰梯形；

(3) 存在一个实数，它的绝对值不是正数.

习题 **14.4**

A 组

1. 判断下列全称命题的真假.

(1) 末位是 0 的整数,可以被 5 整除;

(2) 线段的垂直平分线上的点到这条线段两个端点的距离相等;

(3) 负数的平方是正数;

(4) 梯形的对角线相等.

2. 判断下列特称命题的真假.

(1) 有些实数是无限不循环小数;

(2) 有些三角形不是等腰三角形;

(3) 有的菱形是正方形.

3. 写出下列命题的否定.

(1) $\forall x \in N, x^3 > x^2$;

(2) 所有可以被 5 整除的整数,末位数字都是 0;

(3) $\exists x_0 \in R, x_0^2 - x_0 + 1 \leqslant 0$;

(4) 存在一个四边形,它的对角线互相垂直.

B 组

1. 判断下面命题的真假,并写出这些命题的否定.

(1) 每条直线在 y 轴上都有截距;

(2) 每个二次函数的图像都与 x 轴相交;

(3) 存在一个三角形,它的内角和小于 $180°$;

(4) 存在一个四边形没有外接圆.

小　结

一、本章知识结构

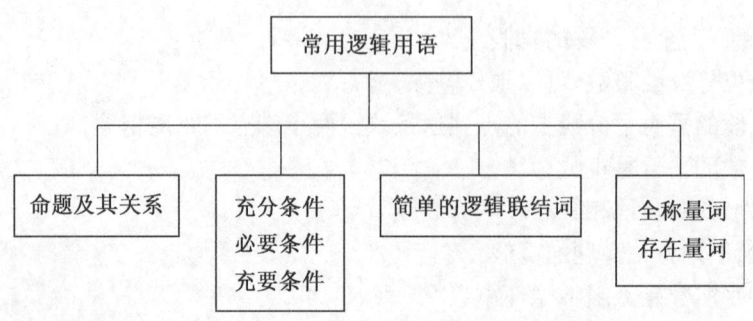

二、回顾与思考

1. 能够判断真假的陈述句叫作命题. 把形如"若 p，则 q"的命题的条件和结论做一些变换，就可以得到它的逆命题、否命题和逆否命题.

（1）逆命题：若 q，则 p.

（2）否命题：若 $\neg p$，则 $\neg q$.

（3）逆否命题：若 $\neg q$，则 $\neg p$.

你能说说四种命题的真假性之间的关系吗？

四种命题真假性之间的内在联系可以为我们进行推理论证带来方便. 例如，因为原命题与它的逆否命题有相同的真假性，因此当证明原命题较困难时，我们可以通过证明逆否命题而得到原命题的证明. 你能举一些类似的例子吗？

2. 如果从 p 可以推出 $q(p \Rightarrow q)$，那么就说 p 是 q 的充分条件，q 是 p 的必要条件. 如果从 p 可以推出 $q(p \Rightarrow q)$，从 q 也可以推出 $p(q \Rightarrow p)$，就说 p 是 q 的充要条件.

3. 逻辑联结词"且""或""非"分别用符号"$\wedge$""$\vee$""$\neg$"表示. 如何确定命题 $p \wedge q$，$p \vee q$，$\neg q$ 的真假性与 p，q 真假性之间的关系呢？

4. 命题中的"对所有""任意一个"等短语叫作全称量词，用符号"$\forall$"表示.

"存在""至少有一个"等短语叫作存在量词，用符号"$\exists$"表示. 含有全称量词的命题叫作全称命题，含有存在量词的命题叫作特称命题.

从命题形式上看，全称命题的否定是特称命题，特称命题的否定是全称命题. 因此，我们可以通过"举反例"来否定一个全称命题.

如何否定含有一个量词的命题？

5. 用联系的观点看问题，可以使我们更加深刻地理解数学知识. 本章中，把逻辑联结词与集合运算联系起来，体现了联系的观点. 你能谈谈学习后的体会吗？

复习参考题

A 组

1. 设原命题是"等边三角形的三内角相等". 把原命题写成"若 p, 则 q"的形式, 并写出它的逆命题, 否命题和逆否命题, 然后指出它们的真假.

2. 分别举例说明.

(1) p 是 q 的充分条件但不是必要条件;

(2) p 是 q 的必要条件但不是充分条件;

(3) p 是 q 的充分必要条件.

3. 已知 a, b, c 是实数, 判断下面命题的真假.

(1) "$a > b$"是"$a^2 > b^2$"的充分条件;

(2) "$a > b$"是"$a^2 > b^2$"的必要条件;

(3) "$a > b$"是"$ac^2 > bc^2$"的充分条件.

4. 判断下列命题的真假.

(1) 27 是 3 的倍数或 27 是 9 的倍数;

(2) 27 是 3 的倍数且 27 是 9 的倍数;

(3) 平行四边形的对角线互相垂直且平分;

(4) 平行四边形的对角线互相垂直或平分.

5. 用符号"∀"与"∃"表示下列含有量词的命题.

(1) 自然数的平方大于零;

(2) 圆 $x^2 + y^2 = r^2$ 上任一点 P 到圆心 O 的距离是 r;

(3) 存在一个无理数, 它的立方是有理数.

6. 写出下列命题的否定.

(1) $3 = 2$;　　　　　　　　　　　(2) $5 > 4$;

(3) 对任意实数 $x, x > 0$;　　　　　(4) 每个正方形都是平行四边形.

B 组

1. 在一次射击训练中, 某战士连续射击了两次. 设命题 p 是"第一次射击击中目标", q 是"第二次射击击中目标". 试用 p, q 以及逻辑联结词"或""且""非"(或 $\vee, \wedge, \neg$)表示下列命题:

(1) 两次都击中目标;

(2) 两次都没有击中目标.

2. 把下列定理表示的命题写成含有量词的命题:

(1) 勾股定理;

(2) 正弦定理.

第十五章 统 计

微信扫一扫
获取本章资源

　　我们生活在一个数字化的时代,时刻都在与数据打交道,例如:产品的合格率、农作物的产量、商品的销售量、当地的气温、自然资源、就业状况、电视台的收视率等. 你知道这些数据是怎么来的吗? 实际上它们是通过调查获得的. 怎样调查呢? 是对考察对象进行全面调查吗? 例如,为了了解一批计算机的使用寿命,我们能将它们逐一测试吗? 很明显,这既不可能,也没必要. 实践中,由于所考察的总体中的个体数往往很多,而且许多考察带有破坏性,因此,我们通常只考察总体中的一个样本,通过样本来了解总体的情况. 从节约费用的角度考虑,在保证样本估计总体达到一定精度的前提下,样本中包含的个体数越少越好. 于是,如何设计抽样方法,使抽取的样本能够真正代表总体,这是我们要关注的一个关键问题. 否则,如果样本的代表性不好,那么对总体的判断就会出现错误.

　　那么,怎样从总体中抽取样本呢? 如何表示样本数据呢? 如何从样本数据中提取基本信息(样本分布、样本数字特征等),来推断总体的情况呢? 这些正是本章要研究解决的问题.

15.1 随机抽样

为了回答我们碰到的许多问题,必须收集相关数据.例如,食品、饮料中的细菌是否超标,每天城市里的垃圾有多少被回收了,影响学生视力状况的主要原因有哪些,同学们的作息时间是如何安排的,电视台的某个栏目的收视率是多少,某厂产品的合格率是多少等,这些问题都需要通过收集数据做出回答.

从节约费用等方面考虑,一般是从总体收集部分个体的数据来得出结论,也就是要通过样本去推断总体.为此,我们首先必须清楚地知道要收集的数据是什么.例如,在食品质量检验中,为了了解某批袋装牛奶(总体)的细菌超标情况,首先,从中随机地抽取了 n 袋,并测出了每一袋的细菌含量 $a_i(i=1,2,\cdots,n)$.这里 $a_i(i=1,2,\cdots,n)$ 就是我们要收集的数据.其次,我们检查样本的目的是为了了解总体的情况.在上述牛奶质量检查中,我们的目的是要了解整批牛奶的细菌含量是否超标,而不是局限在抽查到的那些牛奶的细菌含量是否超标.因此,收集的样本数据应当能够很好地反映总体,这是从样本推断出关于总体的正确结论的前提.再次,我们要知道如何才能收集到高质量的样本数据.我们知道,为了判断一锅汤的味道如何,如果锅里的汤被充分搅拌了,那么我们只需品尝一勺就可以了.同样地,高质量的样本数据来自"搅拌均匀"的总体.如果我们能够设法将总体"搅拌均匀",那么,从中任意抽取一部分个体的样本,它们含有与总体基本相同的信息.

总之,为了使样本具有好的代表性,设计抽样方法时,最重要的是要将总体"搅拌均匀",即使每个个体有同样的机会被抽中.下面介绍的抽样方法都是以此作为出发点的.

一个著名的案例

在抽样调查中,样本的选择是至关重要的,样本能否代表总体,直接影响着统计结果的可靠性.下面的故事是一次著名的失败的统计调查,被称作抽样中的"泰坦尼克事件",它可以帮助我们理解为什么一个好的样本是如此重要.

1936 年,在美国总统选举前,一份颇有名气的杂志(Literary Digest)的工作人员做了一次民意测验.调查兰顿(当时任堪萨斯州州长)和罗斯福(当时的总统)中谁将当选下一届总统.为了了解公众意向,调查者通过电话簿和车辆登记簿上的名单给一大批人发了调查表(注意在 1936 年电话和汽车只有少数富人拥有).通过分析收回的调查表,显示兰顿非常受欢迎,于是此杂志预测兰顿将在选举中获胜.

实际选举结果正好相反,最后罗斯福在选举中获胜,其数据如下:

候选人	预测结果%	选举结果%
罗斯福	43	62
兰顿	57	38

思考:像本例中这样容易得到的样本称为方便样本.

你认为,预测结果出错的原因是什么?

15.1.1 简单随机抽样

探究:假设你作为一名食品卫生工作人员,要对某食品店内的一批小包装饼干进行卫生达标检验.你准备怎样做?

显然,你只能从中抽取一定数量的饼干作为检验的样本.(为什么?)那么,应当怎样获取样本呢?

设计抽样时,在考虑样本的代表性的前提下,应当努力使抽样过程简便.

得到样本饼干的一个方法是,将这批小包装的饼干放入一个不透明的袋子中,搅拌均匀,然后不放回地摸取(这样可以保证每一袋饼干被抽中的机会相等),随后我们就可以得到一个简单随机样本,相应的抽样方法就是简单随机抽样.

一般地,设一个总体含有 N 个个体,从中逐个不放回地抽取 n 个个体作为样本($n \leqslant N$),如果每次抽取时总体内的各个个体被抽到的机会都相等,就把这种抽样方法叫作**简单随机抽样**(simple random sampling).

最常用的简单随机抽样方法有两种——抽签法和随机数法.

1. 抽签法(抓阄法)

抽签法时大家最熟悉的,也许同学们在做某种游戏,或者派选一部分人参加某项活动时就用过抽签法.例如,高一(2)班有 45 名学生,现要从中抽出 8 名学生去参加一个座谈会,每名学生的机会均等.我们可以把 45 名学生的学号写在小纸片上,揉成小球,放到一个不透明袋子中,充分搅拌后,再从中逐个抽出 8 个号签,从而抽出 8 名参加座谈会的学生.

一般地,抽签法就是把总体中的 N 个个体编号,把号码写在号签上,将号签放在一个容器中,搅拌均匀后,每次从中抽取一个号签,连续抽取 n 次,就得到一个容量为 n 的样本.

思考:你认为,抽签法有什么优点和缺点? 当总体中的个数很多时,用抽签法方便吗?

抽签法简单易行,当总体中的个数不多时,使总体处于"搅拌均匀"的状态比较容易,这时,每个个体有均等的机会被抽中,从而能够保证样本的代表性.但是,当总体中的个数较多时,将总体"搅拌均匀"就比较困难,用抽签法产生的样本代表性差的可能性很大.

2. 随机数法

随机抽样中,另一个经常被采用的方法是随机数法,即利用随机数表,随机数骰子或计算机产生的随机数进行抽样.这里仅介绍随机数表法.

随机数表由数字 $0,1,2,\cdots,9$ 组成,并且每个数字在表中各个位置出现的机会都是一样的(见附表).

怎样利用随机数表产生样本呢? 下面通过例子来说明.

假设我们要鉴定某公司生产的 500 克袋装牛奶的质量是否达标,现从 800 袋牛奶中抽取 60 袋进行检验.利用随机数表抽取样本时,可以按照下面的步骤进行:

第一步,先将 800 袋牛奶编号,可以编为 000,001,…,799.

第二步,在随机数表中任选一个数,例如选出第 8 行第 7 列的数 7(为了便于说明,下面摘取了附表 1 的第 6 行至第 10 行).

```
16 22 77 94 39   49 54 43 54 82   17 37 93 23 78   87 35 20 96 43   83 26 34 91 64
84 42 17 53 31   57 24 55 06 88   77 04 74 47 67   21 76 33 50 25   83 92 12 06 76
63 01 63 78 59   16 95 55 67 19   98 10 50 71 75   12 86 73 58 07   44 39 52 38 79
33 21 12 34 29   78 64 56 07 82   52 42 07 44 38   15 51 00 13 42   99 66 02 79 54
57 60 86 32 44   09 47 27 96 54   49 17 46 09 62   90 52 84 77 27   08 02 73 43 28
```

第三步,从选定的数 7 开始向右读(读数的方向也可以是向左、向上、向下等),得到一个三位数 785,由于 785<799,说明号码 785 在总体内,将它取出;继续向右读,得到 916,由于 916>799,将它去掉,按照这种方法继续向右读,又取出 567,199,507,…,依次下去,直到样本的 60 个号码全部取出.这样我们就得到一个容量为 60 的样本.

随堂练习

1. 请你把抽样调查和普查做一个比较,并说一说抽样调查的好处和可能出现的问题.

2. 假设要从高一年级全体同学(450 人)中随机抽出 50 人参加一项活动,请分别用抽签法和随机数法抽出人选,写出抽取过程.

3. 你认为用随机数表法抽取样本有什么优点和缺点?

从上述可知,简单随机抽样有操作简便易行的优点,在总体个数不多的情况下行之有效. 但是,如果总体中的个体数很多时,对个体编号的工作量太大,即使用随机数法操作也并不方便快捷.另外,要想"搅拌均匀"也非常困难,这就容易导致样本的代表性差.因此,为了操作上方便快捷,在不降低样本的代表性的前提下,可以采取下面的抽样方法.

15.1.2 系统抽样

探究:某学校为了了解高一年级学生对教师教学的意见,打算从高一年级 500 名学生中抽取 50 名进行调查.除了用简单随机抽样获取样本外,你能否设计其他抽取样本的方法?

我们按照这样的方法来抽样:首先将这 500 名学生从 1 开始编号,然后按照号码顺序以一定的间隔进行抽取. 由于 $\frac{500}{50}=10$,这个间隔可以定为 10,即从号码为 1~10 的第一个间隔中随机地抽取一个号码,假如抽到的是 6 号,然后从第 6 号开始,每隔 10 个号码抽

取一个，得到

$$6,16,26,36,\cdots,496.$$

这样我们就得到一个容量为 50 的样本.这种抽样方法是一种系统抽样（systematic sampling）.

（1）先将总体的 N 个个体编号.有时可直接利用个体自身所带的号码，如学号、准考证号、门牌号等；

（2）确定分段间隔 k，对编号进行分段.当 $\dfrac{N}{n}$（n 是样本容量）是整数时，取 $k=\dfrac{N}{n}$；

（3）在第 1 段用简单随机抽样确定第一个个体编号 $l(l\leqslant k)$；

（4）按照一定的规则抽取样本.通常是将 l 加上间隔 k 得到第 2 个个体编号 $(l+k)$，再加 k 得到第 3 个个体编号 $(l+2k)$，依次进行下去，直到获取整个样本.

> 思考：当 $\dfrac{N}{n}$ 不是整数时，该如何处理？

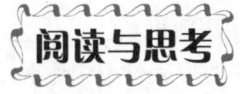

随堂练习

1. 你认为系统抽样有哪些优点和缺点？

2. 某校有 118 名教师，为了支援西部的教育事业，现要从中随机地抽取 16 名教师组成暑期西部讲师团.请用系统抽样法选出讲师团成员.

3. 有人说，我可以借居民身份证号码来进行中央电视台春节联欢晚会的收视率调查：在 1～999 中抽取一个随机数，比如这个数是 632，那么身份证后三位数是 632 的观众就是我要调查的对象.请问，这样所获取的样本有代表性吗？为什么？

阅读与思考

广告中数据的可靠性

今天已进入数字时代，各种各样的统计数字和图标充斥着媒体，由于数字给人的印象直观具体，所以让数据会说话是许多广告的常用手法.但广告中的数据可靠吗？

在各类广告中，你会经常遇到由"方便样本（即样本没有代表性）"所产生的结论.例如，某减肥药的广告称，其减肥的有效率为 75%.见到这样的广告你会怎么想？通过学习统计这部分内容，你会提出下面的问题吗？这个数据是如何得到的；该药在多少人身上做过试验，即样本容量是多少，样本是如何选取的等.假设该药仅在 4 个人身上做过实验，样本容量为 4，用这样小的样本量来推断总体是不可信的.

"现代研究证明，99% 以上的人感染有螨虫……"这是一家化妆品公司的广告.第一次听到此话的人会下意识地摸一下自己的皮肤，甚至会感觉到有虫在里面蠕动，恨不得立即弄些药膏抹抹，广告的威慑作用不言而喻.但这里 99% 是怎么得到的？研究共检测了多少人? 这些人是如何挑选的? 如果检测的人都是去医院看皮肤病的人,这个数据就不适用于一般人群.

某化妆品的广告称:"它含有某种成分可以彻底地清除脸部皱纹,只需 10 天,就能让肌肤得到改善."我们看到的数字很精确,而"让肌肤得到改善"却是很模糊的. 这样的数字能相信吗? 实验是在什么样的皮肤上做的呢? 参与实验的人数是多少?

当我们见到广告中的数据时一定要多提几个问题.

> **思考:**请你通过一些途径收集一些广告,并用统计的知识分析一下它们所提供的数据和结论的真实性.

我们知道,设计抽样方法时,最核心的问题是要考虑如何使抽取的样本具有好的代表性. 为此,在设计抽样方法时,我们应考虑如何利用自己对总体的已有了解. 例如,如果要调查某校高一学生的平均身高,由经验可知,男生一般要高于女生,这时就应采用另一种抽样方法——分层抽样. 因为用简单抽样方法或系统抽样的方法都有可能产生绝大部分是男生(或女生)或全部都是男生(或女生)的样本. 显然,这种样本是不能代表总体的. 因此,设计抽样方法时,充分利用对总体情况的已有了解是非常重要的.

15.1.3 分层抽样

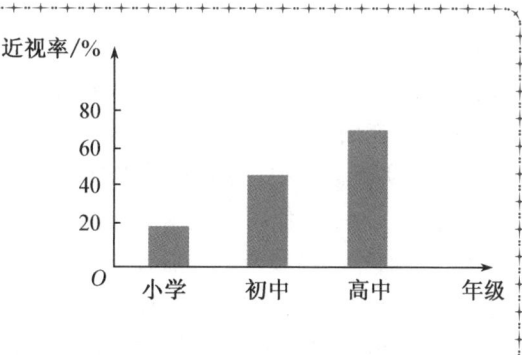

> **探究:**假设某地区有高中生 2400 人,初中生 10900 人,小学生 11000 人. 此地区教育部门为了了解本地区中小学生的近视情况及其形成原因,要从本地区的中小学生中抽取 1% 的学生进行调查. 你认为应该怎么抽取样本?

我们知道,影响学生视力的因素是非常复杂的. 例如,不同年龄阶段的学生的近视情况可能存在明显差异. 因此,宜将全体学生分成高中、初中和小学三个部分进行分别抽样. 另外,三个部分的学生人数相差较大,因此,为了提高样本的代表性,还应考虑它们在样本中所占比例的大小.

由于样本容量与总体的个体数的比是 1:100,因此,样本中包含的各部分的个体数应该是

$$\frac{2400}{100}, \frac{10900}{100}, \frac{11000}{100},$$

即抽取 24 名高中生,109 名初中生和 110 名小学生作为样本.

这样,如果从学生人数这个角度来看,按照这种抽样方法所获得的样本结构与这一地区全体中小学生的结构是基本相同的.

一般地，在抽样时，将总体分成互不交叉的层，然后按照一定的比例，从各层独立地抽取一定数量的个体，将各层取出的个体合在一起作为样本，这种抽样的方法就叫作**分层抽样**（stratified sampling）.

从上面的抽样过程可以看出，分层抽样尽量利用了调查者对调查对象（总体）事先所掌握的各种信息，并充分考虑了保持样本结构与总体结构的一致性，这对提高样本的代表性来说是非常重要的. 所以，分层抽样在实际中有着非常广泛的应用. 通常，当总体是由差异明显的几个部分组成时，往往选用分层抽样的方法.

探究：（1）简单随机抽样、系统抽样和分层抽样各有其特点和使用范围. 请对这三种抽样方法进行比较，说说它们各自的优点和缺点.

（2）某地区中小学生人数的分布情况如下表所示（单位：人）.

学段	城市	县镇	农村
小学	357000	221600	258100
初中	226200	134200	11290
高中	112 000	43 300	6 300

请根据上述基本数据，设计一个样本容量为总体中个体数量的千分之一的抽样方案.

在现实生活中，由于资金、时间有限，人力、物力不足，再加上不断变化的环境条件，做普查往往是不可能的. 因此，我们一般是把数据的收集限制在总体的一个样本上. 由于总体的复杂性，在实际抽样中，为了使样本具有代表性，通常要同时使用几种抽样方法. 例如，在上述探究（2）中，我们可以先用分层抽样法确定出此地区城市、县镇、农村的被抽个体数，再用分层抽样法将城市的被抽个体数分配到小学、初中、高中等不同阶层中去，县镇、农村的被抽个体数的分配法也一样. 接着将城市划分为学生数大致相当的小区，用简单随机抽样法选取一些小区，再用简单随机抽样法确定每一小区中的各类学校. 最后，在选中的学校中用系统抽样法或简单随机抽样法选取学生进行调查.

随堂练习

1. 分别用简单随机抽样、系统抽样和分层抽样的方法，从全班同学中抽取 10 名同学，统计他们昨天户外互动的平均时间. 全面调查全班同学昨天户外活动的平均时间，并与抽样统计的结果进行比较，你能发现什么问题？

2. 有人说："如果抽样方法设计得好，用样本进行视力调查与对 24300 名学生进行视力普查的结果会差不多. 而且对于教育部门掌握学生视力情况来说，因为节省了人力、物力和财力，抽样调查更可取."你认为这种说法有道理吗？为什么？

3. 一般来说，影响农作物收成的因素有气候、土质、田间管理水平等. 如果你是一个农村调查队成员,要在麦收季节对你所在地区的小麦进行估产调查,你将如何设计调查方案?

一个著名的案例

在统计调查中,问卷的设计是一门很大的学问.特别是对一些敏感性问题,例如学生在考试中有无作弊现象,社会上的偷税漏税等,更要精心设计问卷,设法消除被调查者的顾虑,使他们能够如实回答问题.否则,被调查者往往会拒绝回答,或不提供真实情况.下面我们用一个例子来说明对敏感性问题的调查方法.

某地区公共卫生部门为了调查本地区中学生的吸烟情况,对随机抽取的 200 名学生进行了调查.调查中使用了两个问题.

问题 1:你的父亲阳历生日日期是不是奇数?

问题 2:你否经常吸烟?

调查者设计了一个随机化装置,这是一个装有大小、形状和质量完全一样的 50 个白球和 50 个红球的袋子.每个被调查者随机从袋中摸取 1 个球(摸出的球再放回袋中),摸到白球的学生如实回答第一个问题,摸到红球的学生如实回答第二个问题,回答"是"的人往一个盒子中放一个小石子,回答"否"的人什么都不要做.由于问题的答案只有"是"和"否",而且回答的是哪个问题也是别人不知道的,因此被调查者可以好无顾虑地给出符合实际情况的答案.

请问:如果在 200 人中,共有 58 人回答"是",你能估计出此地区中学生吸烟人数的百分比吗?

解:由题意可知,红球与白球数量相等,所以每个学生从口袋中摸出 1 个白球或红球的可能性相同,即我们期望大约有 100 人回答了第一个问题,另 100 人回答了第二个问题.在摸出白球的情况下,回答父亲阳历生日日期是奇数与生日日期为偶数也大致相同,因而在回答第一个问题的 100 人中,大约有 50 人回答了"是".所以我们能推出,在回答第二个问题的 100 人中,大约有 8 人回答了"是".即估计此地区大约有 8% 的中学生吸烟.

这种方法是不是很巧妙?

> **思考:**在问卷调查的设计中,不但要考虑有些问题本身对调查结果的影响,而且还要考虑其他因素.一般地,比较容易的、不涉及个人的问题应当排在比较靠前的位置,较难的、涉及个人的问题放在后面等.
>
> 请你设计一个关于青春期问题的调查问卷.

习题 15.1

A 组

1. 在抽样过程中，如果总体中的每个个体都有相等的机会被抽中，那么我们就称这样产生的样本为随机样本. 举例说明产生随机样本的困难.

2. 中央电视台希望在 2018 年春节联欢晚会播出后一周内获得此届春节联欢晚会的收视率. 下面是三名同学为电视台设计的调查方案.

同学 A：我把这张《2018 年春节联欢晚会收视率调查表》放在互联网上，只要上网登入该网址的人就可以看到这张表，他们填表的信息可以很快地反馈到我的电脑中. 这样，我就可以很快统计出收视率了.

同学 B：我给我们居民小区的每一份住户发一个是否在除夕那天晚上看过中央电视台春节联欢晚会的调查表，只要一两天就可以统计出收视率.

同学 C：我在电话号码本上随机地选出一定数量的电话号码，然后逐个给他们打电话，问一下他们是否收看了中央电视台春节联欢晚会，我不出家门就可以统计出中央电视台春节联欢晚会的收视率.

请问：上述三名同学设计的调查方案能够获得比较准确的收视率统计吗？为什么？

3. 校学生会希望调查有关本学期学生活动计划的意见. 如果你担任调查员，并打算在学校里抽取 10% 的同学作为样本.

（1）你怎样安排抽样，以保证样本的代表性？

（2）在抽样中你可能遇到哪些问题？

（3）这些问题可能会影响什么？

（4）你打算怎样解决这些问题？

4. 请用简单随机抽样和系统抽样，设计一个调查某地区一年内空气质量状况的方案，并说明哪一个方案更便于实施.

5. 一支田径队有男运动员 56 人，女运动员 42 人，请用分层抽样的方法从全体运动员中抽出一个容量为 28 的样本.

6. 在一次游戏中，获奖者可以得到 5 件不同的奖品，这些奖品要从由 1～50 编号的 50 种不同奖品中随机抽取确定，用系统抽样的方法为某位获奖者确定 5 件奖品的编号.

7. 设计一个抽样方案，调查你们学校学生的近视率.

B 组

1. 你可能想了解许多问题，比如，全班同学比较喜欢哪门课程，中学生每月的零花钱平均是多少，喜欢看《新闻联播》的同学在全班的比例是多少，中学生每天大约什么时间起床，每天睡眠的平均时间是多少等. 选一些自己关心的问题，设计一份调查问卷，利用抽样的方法调查你们学校的学生情况，并说明你所得到的结论.

2. 设计一个抽样方案，调查中央电视台某一年春节联欢晚会的收视率.

15.2　用样本估计总体

前面我们学习了通过抽样来收集数据的方法,了解了提高样本代表性的一些具体方法.数据被收集后,必须从中寻找到包含的信息,以使我们能够通过样本估计总体.由于数据多而且杂乱,我们往往无法直接从原始数据中理解它们的含义.因此,必须通过图、表、计算来分析数据,帮助我们找出数据中的规律,使数据所包含的信息转化成直观的容易理解的形式.在此基础上,我们就可以对总体做出相应的估计.这种估计一般分成两种,一种是用样本的频率分布估计总体的分布,另一种是用样本的数字特征(如平均数、标准差等)估计总体的数字特征.

15.2.1　用样本的频率分布估计总体分布

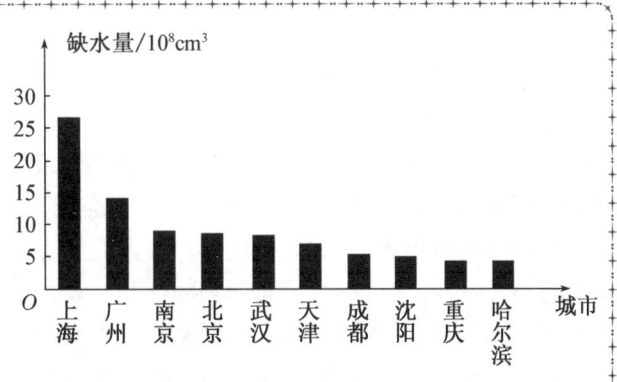

探究: 我国是世界上严重缺水的国家之一,城市缺水问题较为突出.某市政府为了节约生活用水,计划在本市试行居民生活用水定额管理措施,即确定一个居民月用水量标准 a,用水量不超过 a 的部分按平价收费,超出 a 的部分按议价收费.如果希望大部分居民的日常生活不受影响,那么标准 a 定为多少比较合理呢?你认为,为了较为合理地确定出这个标准,需要做哪些工作?右图为2000年全国主要城市缺水情况统计时排在前10位的城市.

很明显,如果标准太高,会影响居民的日常生活;如果标准太低,则不利于节水.为了确定一个较为合理的标准 a,必须先了解全市居民日常用水量的分布情况,比如月均用水量在哪个范围的居民最多,他们占全市居民的百分比情况等.

由于城市住户较多,通常采用抽样调查的方式,通过分析样本数据来估计全市居民用水量的分布情况.假设通过抽样,我们获得了100位居民某年的月均用水量(单位:t),见表15.2.1,100位居民的月均用水量.

表 15.2.1 （单位：t）

3.1	2.5	2.0	2.0	1.5	1.0	1.6	1.8	1.9	1.6
3.4	2.6	2.2	2.2	1.5	1.2	0.2	0.4	0.3	0.4
3.2	2.7	2.3	2.1	1.6	1.2	3.7	1.5	0.5	3.8
3.3	2.8	2.3	2.2	1.7	1.3	3.6	1.7	0.6	4.1
3.2	2.9	2.4	2.3	1.8	1.4	3.5	1.9	0.8	4.3
3.0	2.9	2.4	2.4	1.9	1.3	1.4	1.8	0.7	2.0
2.5	2.8	2.3	2.3	1.8	1.3	1.3	1.3	0.9	2.3
2.6	2.7	2.4	2.1	1.7	1.4	1.2	1.5	0.5	2.4
2.5	2.6	2.3	2.1	1.6	1.0	1.0	1.7	0.8	2.4
2.8	2.5	2.2	2.0	1.5	1.0	1.2	1.8	0.6	2.2

上面这些数字能告诉我们什么呢？很容易发现的是一个居民月用水量的最小值是 0.2 t，最大值是 4.3 t，其他在 0.2～4.3 t 之间。除此之外，很难发现这 100 位居民的用水量的其他信息了。实际上，我们很难从随意记录下来的数据中直接看出规律。为此，我们需要对统计数据进行整理与分析。

分析数据的一种基本方法是用图把它们画出来，或者用紧凑的表格改变数据的排列方式。作图可以达到两个目的，一是从数据中提取信息，二是利用图形传递信息。表格则是通过改变数据的构成形式，为我们提供解释数据的新方法。

初中时，我们曾经学过频数分布图和频数分布表，这使得我们能够清楚地知道数据分布在各个小组的个数。下面将要学习的频率分布表和频率分布图，则是从各个小组数据在样本容量中所占比例大小的角度，来表示数据分布的规律。它可以使我们看到整个样本数据的**频率分布**（frequency distribution）情况。具体的做法如下：

1. 求极差（即一组数据中最大值与最小值的差）

例如，

$$4.3-0.2=4.1，$$

说明样本数据的变化范围是 4.1 t。

2. 决定组距与组数

组距与组数的确定没有固定的标准，常常需要一个尝试和选择的过程。将数据分组时，组数应力求合适，以使数据的分布规律能较清楚地呈现出来。组数太多或太少，都会影响我们了解数据的分布情况。数据分组的组数与样本数量有关，一般容量越大，所分组数越多。当样本容量不超过 100 时，按照数据的多少，常分为 5～12 组。

为方便起见，组距的选择应力求"取整"。在本问题中，如果取组距为 0.5(t)，那么

$$组距＝\frac{极差}{组距}＝\frac{4.1}{0.5}＝8.2，$$

因此可以将数据分为 9 组，这个组数是较为合适的。于是取组距为 0.5，组数为 9。

3. 将数据分组

以组距为 0.5 将数据分组时,可以分成以下 9 组:

$$[0,0.5), [0.5,1), \cdots, [4,4.5).$$

4. 列频率分布表

计算各小组的频率,画出下面的**频率分布表**,见表 15.2.2,100 位居民月用水量的频率分布表.

表 **15.2.2**

分组	频数累计	频数	频率
$[0,0.5)$	正	4	0.04
$[0.5,1)$	正下	8	0.08
$[1,1.5)$	正正正	15	0.15
$[1.5,2)$	正正正正丁	22	0.22
$[2,2.5)$	正正正正正	25	0.25
$[2.5,3)$	正正正	14	0.14
$[3,3.5)$	正一	6	0.06
$[3.5,4)$	正	4	0.04
$[4,4.5)$	丁	2	0.02
合计		100	1.00

表 15.2.2 的最后一列是各小组的频率,例如第一小组的频率是:

$$\frac{\text{第一组频数}}{\text{样本容量}} = \frac{4}{100} = 0.04.$$

5. 画频率分布直方图

根据表 15.2.2 可以得到如图 15.2.1 所示的**频率分布直方图**.

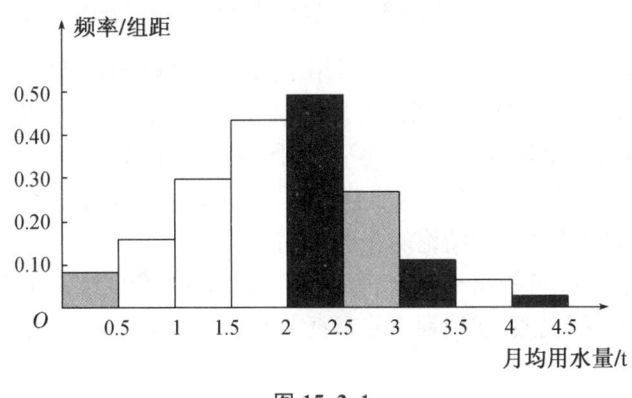

图 **15.2.1**

图 15.2.1 中,横轴表示月均用水量,纵轴表示频率/组距. 由于

$$\text{小长方形的面积} = \text{组距} \times \frac{\text{频率}}{\text{组距}} = \text{频率},$$

所以各小长方形的面积表示相应各组的频率.这样,频率分布直方图就以面积的形式反映了数据落在各个小组的频率的大小.

从中容易知道,在频率分布直方图中,各小长方形的面积的总和等于1.

> **探究**:同样一组数据,如果组距不同,横轴、纵轴的单位不同,得到的图的形状也会不同.不同的形状给人以不同的印象,这种印象有时会影响我们对总体的判断.分别以0.1和1为组距重新作图,然后谈谈你对图的印象.

表15.2.2和图15.2.1显示了样本数据落在各个小组的比例大小.从中我们可以看到,月均用水量在区间$[2,2.5)$内的居民最多,在$[1.5,2)$内的次之,大部分居民的月均用水量都在$[1,3)$之间.

直方图能够很容易地表示大量数据,非常直观地表明分布的形状,使我们能够看到在分布表中看不清楚的数据模式.例如,从图15.2.1可以清楚地看到,居民月均用水量的分布是"山峰"状的,而且是"单峰"的,另外还有一定的对称性,这说明,大部分居民的月均用水量集中在一个中间值附近,只有少数居民的月均用水量很多或很少.但是,直方图也丢失了一些信息,例如,原始数据不能在图表中显示出来.

根据样本数据的频率分布,我们就可以推测这一城市全体居民月均用水量分布的大致情况.也就是根据样本的频率分布,我们可以大致估计出总体的分布.因为这种估计是以一定的统计调查为依据的,所以据此给市政府提出每位居民用水量标准的建议,就具有较强的说服力了.

> **思考**:如果当地政府希望使85%以上的居民每月的用水量不超出标准,根据频率分布表15.2.2和频率分布直方图15.2.1,你能对制定月用水量标准提出建议吗?

由表15.2.2和图15.2.1可以看出,月用水量在$3\,t$以上的居民所占的比例为$6\% + 4\% + 2\% = 12\%$,即大约由12%的居民月水量在$3\,t$以上,88%的居民月用水量在$3\,t$以下.因此,居民月用水量标准定位$3\,t$是一个可以考虑的标准.

想一想,你认为$3\,t$这个标准一定能够保证85%以上的居民用水不超标吗?如果不一定,那么哪些环节可能会导致结论的差别?

实际上,这个标准还可能出现偏差.所以,在实践中,对统计结论是需要进行评价的.

类似于频数分布折线图,连接频率分布直方图中各小长方形上端的中点,就得到频率分布折线图(图15.2.2).

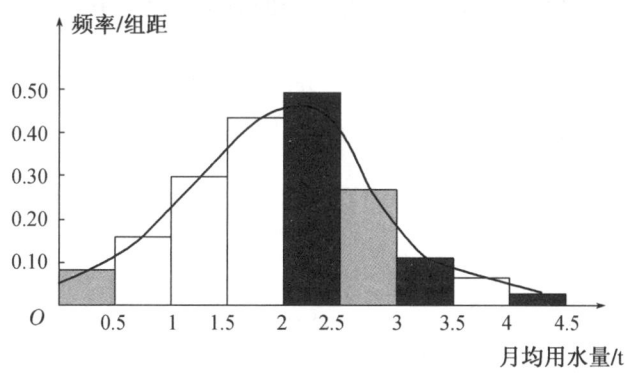

图 15.2.2

一般地,当总体中的个体数较多时,抽样时样本容量就不能太小. 例如,如果要抽样调查一个省乃至全国的居民的月均用水量,那么样本容量就应比调查一个城市的时候大. 可以想象,随着样本容量的增加,作图时所分的组数也在增加,相应的频率折线图会越来越接近于一条光滑曲线,统计中称这条光滑曲线为总体密度曲线,如图 15.2.3 所示. 总体密度曲线反映了总体在各个范围内取值的百分比,它能给我们提供更加精细的信息. 例如,图中有阴影部分的面积,就是总体在区间 (a,b) 内取值的百分比.

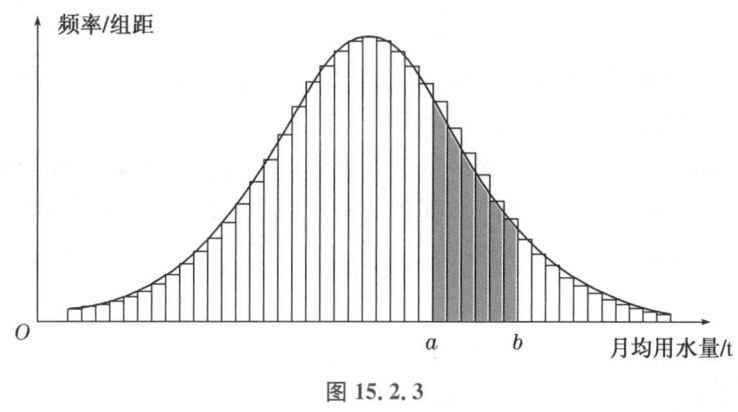

图 15.2.3

思考:1. 对于任意总体,它的密度曲线是不是一定存在? 为什么?

2. 对于任意总体,它的密度曲线是否可以被非常准确地画出来? 为什么?

实际上,尽管有限总体密度曲线是客观存在的,但一般很难像函数图像那样被准确地画出来,我们只能用样本的频率分布对它进行估计. 一般来说,样本容量越大,这种估计就越精确.

除了上面几种图、表能帮助我们理解样本数据外,统计中还有一种被用来表示数据的图叫作茎叶图(stern-and-leaf display). 我们结合下面的例子来说明作茎叶图的方法,以及从茎叶图中提取样本数据信息的方法.

某赛季甲、乙两名篮球运动员每场比赛得分的原始记录如下：

甲运动员得分：13,51,23,8,26,38,16,33,14,28,39;

乙运动员得分：49,24,12,31,50,31,44,36,15,37,25,36,39.

用茎叶图表示，如图 15.2.4.

甲		乙
	8	0	
4 6 3	1	2 5
3 6 8	2	5 4
3 8 9	3	1 6 1 6 7 9
	4	4 9
1	5	0

图 15.2.4

顾名思义，茎是指中间的一列数，叶就是从茎的旁边生长出来的数. 中间的数字表示得分的十位数，旁边的数字分别表示两个人得分的个位数.

从图 15.2.4 可以看出，茎叶图不仅能够保留原始数据，而且能够展示数据的分布情况. 比如，乙运动员的得分基本上是对称的，中位数是 36；甲运动员的得分除一个特殊得分（51 分）外，也大致对称，中位数是 26. 由此可以清楚地看出，乙运动员的发挥比较稳定，总体得分情况比甲好.

在样本数据较少时，用茎叶图表示数据的效果较好. 它不但可以保留所有信息，而且可以随时记录，这对数据的记录和表示都能带来方便. 但当样本数据较多时，茎叶图就显得不太方便了，因为每一个数据都要在图中占据一个空间，如果数据很多，枝叶就会很长了.

随堂练习 ▶

1. 从一种零件中抽取了 80 件，尺寸数据表示如下（单位：cm）.

362.51×1	362.62×2	362.72×2	362.83×3
362.93×3	363.03×3	363.15×5	363.26×6
363.38×8	363.49×9	363.59×9	363.76×7
363.76×6	363.84×4	363.93×3	364.03×3
364.12×2	364.22×2	364.31×1	364.41×1

这里 $x \times n$ 表示有 n 件尺寸为 x 的零件，如 362.51×1 表示有 1 件尺寸为 362.51 cm 的零件.

（1）作出样本的频率分布表和频率分布直方图；

（2）在频率分布直方图中画出频率分布折线图.

2. 请班上的每个同学估计一下自己每天的课外学习时间(单位:min),然后作出课外学习时间的频率分布直方图.你认为能否由这个频率分布直方图估计出你们学校的学生课外学习时间的分布情况? 可以用它来估计该地区的学生课外学习时间分布情况吗? 为什么?

3. 下面一组数据是某生产车间 30 名工人某日加工零件的个数,请设计适当的茎叶图表示这组数据,并结合茎叶图说明一下这个车间此日的生产情况.

134	112	117	126	128	124	122	116	113	107
116	132	127	128	126	121	120	118	108	110
133	130	124	116	117	123	122	120	112	112

15.2.2 用样本的数字特征估计总体的数字特征

上一节我们学习了用图、表来组织样本数据,并且学习了如何通过图、表所提供的信息,用样本的频率分布估计总体的分布.为了从整体上更好地把握总体的规律,我们还需要通过样本的数据对总体的数字特征进行研究.

> 探究:(1) 怎样将各个样本数据汇总为一个数值,并使它成为样本数据的"中心点"?
>
> (2) 能否用一个数值来描写样本数据的离散程度?

1. 众数、中位数、平均数

初中我们曾经学过众数、中位数、平均数等各种数字特征.应当说,这些数字都能够为我们提供关于样本数据的特征信息.例如,在上一节调查 100 位居民的月均用水量的问题中,从这些样本数据的频率分布直方图可以看出,月均用水量的众数是 2.25 t(最高的矩形的中点)(如图 15.2.5),它告诉我们,该市的月均用水量为 2.25 t 的居民数比月均用水量为其他值的居民数多,但它并没有告诉我们多了多少.

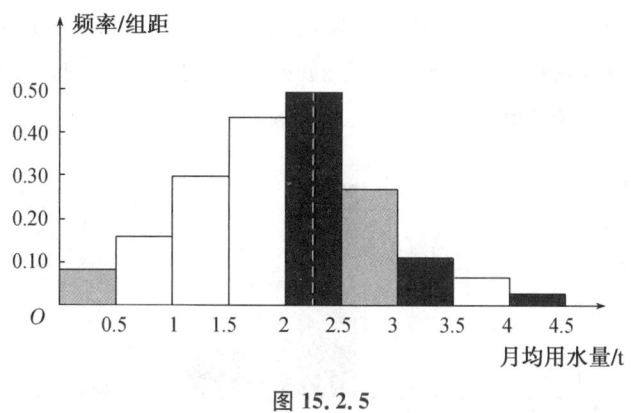

图 15.2.5

那么,如何从频率分布直方图中估计中位数呢? 在样本中,有 50% 的个体小于或等于中位数,也有 50% 的个体大于或等于中位数. 因此,在频率分布直方图中,中位数左边和右边的直方图的面积应该相等,由此可以估计中位数的值. 图 15.2.6 中的虚线代表居民月均用水量的中位数的估计值,其左边的直方图的面积代表着 50 个单位,右边的直方图也是 50 个单位. 虚线处的数据值为 2.03.

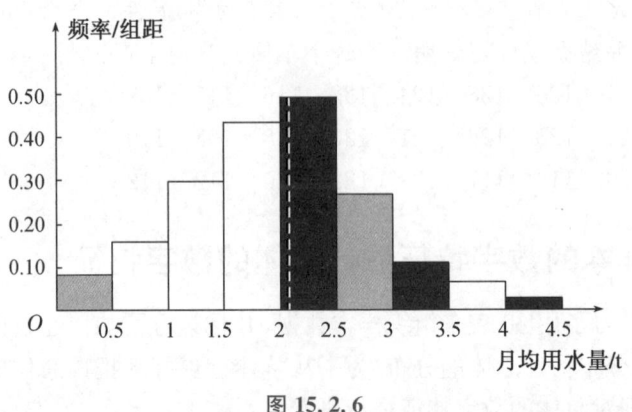

图 15.2.6

思考: 2.03 这个中位数的估计值,与样本的中位数值 2.0 不一样,你能解释其中的原因吗?

图 15.2.6 显示,大部分居民的月均用水量在中部(2.03 t 左右),但也有少数居民的月均用水量特别高. 显然,对这部分居民的用水作用做出限制是非常合理的.

思考: 中位数不受少数几个极端值的影响,这在某些情况下是一个优点,但它对极端值的不敏感有时也会成为缺点. 你能举例说明吗?

图 15.2.7 显示了居民月均用水量的平均数($\bar{x}=1.973$),它是频率分布直方图的"重心". 由于平均数与每一个样本数据有关,所以,任何一个样本数据的改变都会引起平均数的改变. 这是中位数、众数都不具有的性质. 也正因为这个原因,与众数、中位数比较起来,平均数可以反映出更多的关于样本数据全体的信息. 从图 15.2.7 可以看出,用水量最多的几位居民对平均数影响较大,这是因为它们的月均用水量与平均数相差太多了.

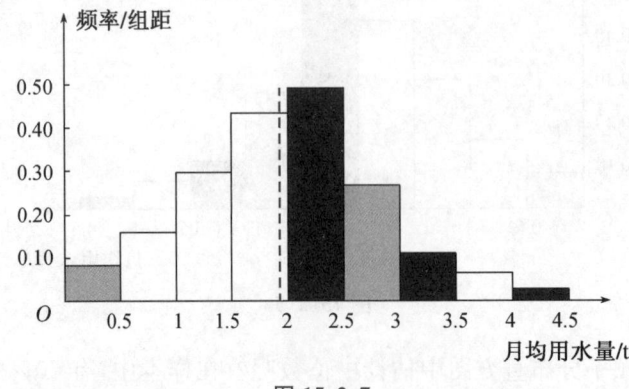

图 15.2.7

探究: 我们常说，"用数据说话"。但是，数据有时候也会被利用，从而对我们进行误导。例如，一个企业中，绝大多数是一线工人，他们的年收入可能是一万元左右，另有一些经理层次的人，年收入可以达到几十万元。这时，年收入的平均数会比中位数大得多。尽管这时中位数比平均数更合理些，但是这个企业的老板到人力市场去招聘工人时，也许更可能用平均数来回答有关工资待遇方面的提问。

你认为"我们单位的收入水平比别的单位高"这句话应当怎么解释？

随堂练习 ▶

1. 假设你是一名交通部门的工作人员。你打算向市长报告国家对本市 26 个公路项目投资的平均资金数额，其中一条新公路的建设投资为 2200 万元人民币，另外 25 个项目的投资是 20～100 万元。中位数是 25 万元，平均数是 100 万元，众数是 25 万元。你会选择哪一种数字特征来表示国家对每一个项目投资的平均金额？你选择这种数字特征的优缺点是什么？

2. 标准差

平均数向我们提供了样本数据的重要信息，但是，平均数有时也会使我们做出对总体的片面判断。如某地区的统计报表显示，此地区的家庭平均年收入是 10 万元，给人的印象是这个地区的家庭收入普遍较高。但是，如果这个平均数是从 200 户贫困家庭和 20 户极富有的家庭收入计算出来的，那么，它就既不能代表贫困户家庭的年收入，也不能代表极富有家庭的年收入。因为这个平均数掩盖了一些极端的情况，而这些极端情况显然是不能忽视的。因此，只有平均数还难以概括样本数据的实际状态。

又如，有两位射击运动员在一次射击测试中各射靶 10 次，每次命中的环数如下：

甲　7　8　7　9　5　4　9　10　7　4
乙　9　5　7　8　7　6　8　6　7　7

如果你是教练，你应当如何对这次射击情况做出评价？如果这是一次选拔性考核，你应当如何做出选择？

如果看两人本次射击的平均成绩，由于

$$\bar{x}_甲 = 7, \bar{x}_乙 = 7,$$

两人射击的平均成绩是一样的。那么，是否两人的水平就没有什么差异呢？

直观上看，还是有差异的。例如，甲成绩比较分散，乙成绩相对集中（如图 15.2.8 所示）。因此，我们还需要从另外的角度来考查这两组数据。例如，在作统计图、表时提到过的极差

甲的环数极差＝10－4＝6，
乙的环数极差＝9－5＝4，

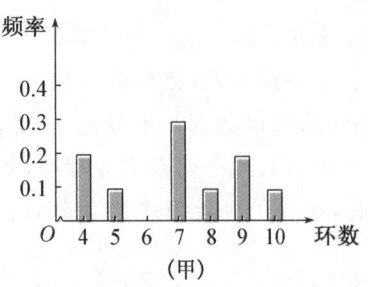
（甲）

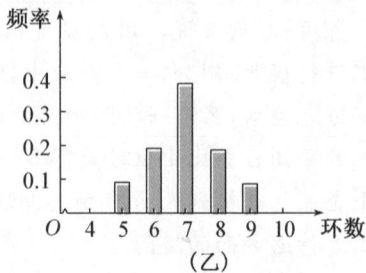
（乙）

图 15.2.8

它们在一定程度上表明了样本数据的分散程度，与平均数一起，可以给我们许多关于样本数据的信息. 显然，极差对极端值非常敏感，注意到这一点，我们可以得到一种"去掉一个最高分，去掉一个最低分"的统计策略.

考查样本数据的分散程度的大小，最常用的统计量是标准差（standard deviation）. 标准差是样本数据到平均数的一种平均距离，一般用 s 表示.

所谓"平均距离"，其含义可做如下理解：

假设样本数据是 $x_1, x_2, \cdots, x_n$，$\bar{x}$ 表示这组数据的平均数. x_i 到 $\bar{x}$ 的距离是

$$|x_i - \bar{x}| \, (i = 1, 2, \cdots n).$$

于是，样本数据 $x_1, x_2, \cdots, x_n$ 到 $\bar{x}$ 的"平均距离"是

$$s = \frac{|x_1 - \bar{x}| + |x_2 - \bar{x}| + \cdots + |x_n - \bar{x}|}{n}.$$

由于上式含有绝对值，运算不太方便，因此，通常改用如下公式来计算标准差

$$s = \sqrt{\frac{1}{n}\left[(x_1 - \bar{x})^2 + (x_2 - \bar{x})^2 + \cdots + (x_n - \bar{x})^2\right]}.$$

一个样本中的个体与平均数之间的距离关系可以用下图表示：

考虑一个容量为 2 的样本：$x_1 < x_2$，其样本的标准差为 $\frac{x_2 - x_1}{2}$，记为 $a = \frac{x_2 - x_1}{2}$.

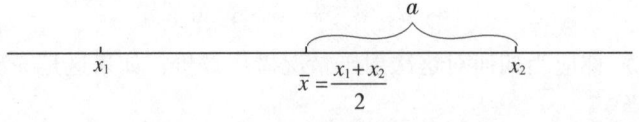

图 15.2.9

显然，标准差越大，则 a 越大，数据的离散程度越大；标准差越小，数据的离散程度越小.

通过计算可得 $s_甲 = 2$，$s_乙 \approx 1.095$. 由 $s_甲 > s_乙$ 可以知道，甲的成绩离散程度大，乙的成绩离散程度小. 由此可以估计，乙比甲的射击成绩稳定.

上面两组数据的离散程度与标准差之间的关系可用图 15.2.10 直观地表示出来.

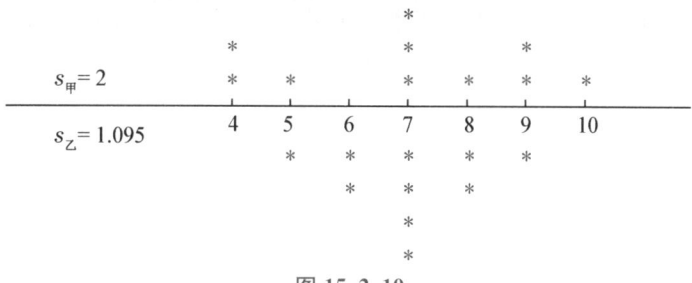

图 15.2.10

例 1 画出下列四组样本数据的直方图,说明它们的异同点.

(1) 5,5,5,5,5,5,5,5,5;

(2) 4,4,4,5,5,5,6,6,6;

(3) 3,3,4,4,5,6,6,7,7;

(4) 2,2,2,2,5,8,8,8,8.

解:四组数据的平均数都是 5.0,标准差分别是 0.00,0.82,1.49,2.83.虽然它们有相同的平均数,但是它们有不同的标准差,说明数据的分散程度是不一样的.

四组样本数据的直方图如下:

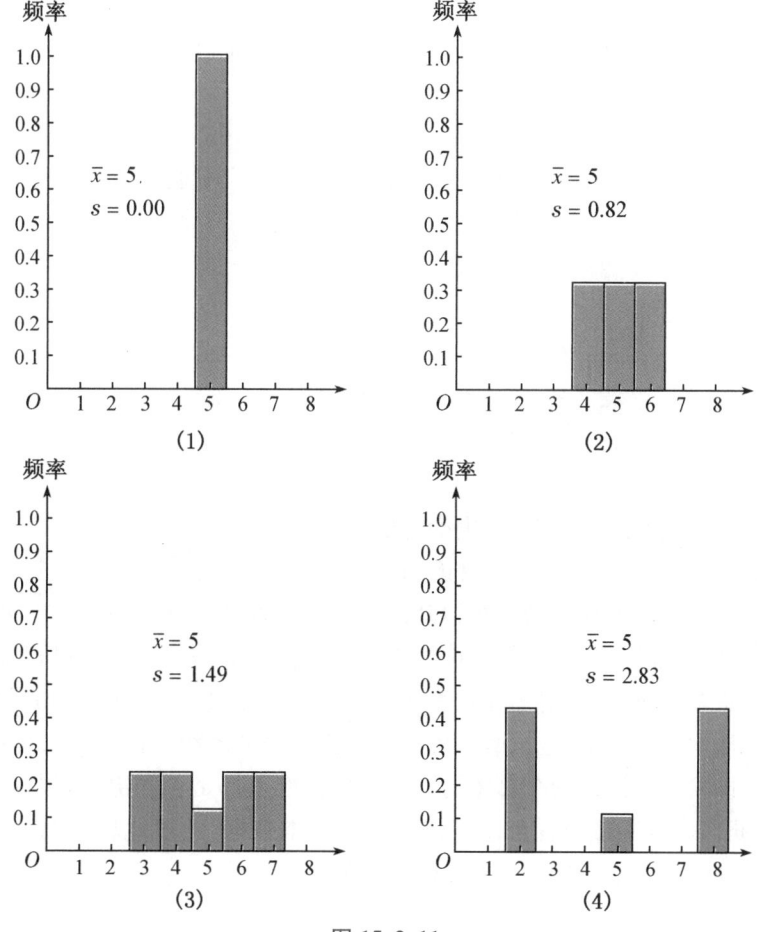

图 15.2.11

标准差还可以用于对样本数据的另外一种解释. 例如, 在关于居民月均用水量的例子中, 平均数 $\bar{x}=1.973$, 标准差 $s=0.868$, 所以

$$\bar{x}+s=2.841, \bar{x}+2s=3.709;$$

$$\bar{x}-s=1.105, \bar{x}-2s=0.237.$$

这 100 个数据中, 在区间 $[\bar{x}-2s, \bar{x}+2s]=[0.237, 3.709]$ 外的只有 4 个, 也就是说, $[\bar{x}-2s, \bar{x}+2s]$ 几乎包含了所有的样本数据.

从数学的角度考虑, 人们有时用标准差的平方 s^2——**方差**来代替标准差, 作为测量样本数据分散程度的工具:

$$s^2=\frac{1}{n}\left[(x_1-\bar{x})^2+(x_2-\bar{x})^2+\cdots+(x_n-\bar{x})^2\right].$$

显然, 在刻画样本数据的分散程度上, 方差与标准差是一样的. 但在解决实际问题中, 一般多采用标准差.

需要指出的是, 现实中的总体所包含的个数往往是很多的, 总体的平均数与标准差是不知道的. 如何求得总体的平均数和标准差呢? 通常的做法是用样本的平均数和标准差去估计总体的平均数与标准差. 这与前面用样本的频率分布来近似地代替总体分布是类似的. 只要样本的代表性好, 这样做就是合理的, 也是可以接受的.

例 2 甲乙两人同时生产内径为 25.40 mm 的一种零件. 为了对两人的生产质量进行评比, 从他们生产的零件中各抽出 20 件, 量得其内径尺寸如下(单位:mm),

甲

25.46	25.32	25.45	25.39	25.36
25.34	25.42	25.45	25.38	25.42
25.39	25.43	25.39	25.40	25.44
25.40	25.42	25.35	25.41	25.39

乙

25.40	25.43	25.44	25.48	25.48
25.47	25.49	25.49	25.36	25.34
25.33	25.43	25.43	25.32	25.47
25.31	25.32	25.32	25.32	25.48

从生产的零件内径的尺寸看, 谁生产的质量较高?

分析:每一名工人生产的所有零件的内径尺寸组成一个总体. 由于零件的生产标准已经给出(内径 25.40 mm), 生产质量可以从总体的平均数与标准差两个角度来衡量. 总体的平均数与内径标准尺寸 25.40 mm 的差异大时质量低, 差异小时质量高;当总体的平均数与标准尺寸很接近时, 总体的标准差小的时候质量高, 标准差大的时候质量低. 这样, 比较两人的生产质量, 只要比较他们所生产的零件内径尺寸所组成的两个总体的平均数与标准差的大小即可. 但是, 这两个总体的平均数与标准差都是不知道的, 根据用样本估计总体的思想, 我们可以通过抽样分别获得相应的样本数据, 然后比较这两个样本的平均值、标准差, 以此作为两个总体之间差异的估计值.

解:通过计算可得

$$\bar{x}_甲=25.4005,\bar{x}_乙=25.4008;$$
$$\bar{s}_甲=0.038,\bar{s}_乙=0.074.$$

从样本平均数看,甲生产的零件内径比乙的更接近内径标准(25.40 mm),但是差异很小;从样本标准差看,由于 $s_甲<s_乙$,因此甲生产的零件内径比乙的稳定程度高得多.于是,可以做出判断,甲生产的零件的质量比乙的高一些.

从上述例子我们可以看到,对一名工人生产零件内径(总体)的质量判断,与所抽取的零件内容(样本数据)直接相关.显然,我们可以从这名工人生产的零件中获取许多样本(为什么?).这样,尽管总体是同一个,但由于样本不同,相应的样本频率分布与平均数、标准差等都会发生改变,这样就会影响到我们对总体情况的估计.如果样本的代表性差,那么对总体所做出的估计就会产生偏差;样本没有代表性时,对总体做出错误估计的可能性就非常大.这也正是我们在前面讲随机抽样时反复强调样本代表性的理由.在实际操作中,为了减少错误发生,条件许可时,通常采用适当增加样本容量的方法.当然,关键还是要改进抽样方法,提高样本的代表性.

随堂练习

1. 农场种植的甲乙两种水稻,在面积相等的两块稻田中连续 6 年的年平均产量如下(单位:斤).

品种	第一年	第二年	第三年	第四年	第五年	第六年
甲	900	920	900	850	910	920
乙	890	960	950	850	860	890

哪种水稻的产量比较稳定?

2. 一个小商店从一家食品有限公司购进 21 袋白糖,每袋白糖的标准重量是 500 g,为了了解这些白糖的重量情况,称出各袋白糖的重量(单位:g)如下.

486	495	496	498	499	493	493
498	484	497	504	489	495	503
499	503	509	498	487	500	508

求:

(1) 21 袋白糖的平均重量 $\bar{x}$ 是多少? 标准差 s 是多少?

(2) 重量位于 $\bar{x}-s$ 与 $\bar{x}+s$ 之间有多少袋白糖? 所占的百分比是多少?

3. 下列数据是 30 各不同国家中每 100000 名男性患某种疾病的死亡率:

27.0	23.9	41.6	33.1	40.6	18.8	13.7	28.9	13.2
14.5	27.0	34.8	28.9	3.2	50.1	5.6	8.7	15.2
7.1	5.2	16.5	13.8	19.2	11.2	15.7	10.0	5.6
1.5	33.8	9.2

(1) 作出这些数据分布的频率分布直方图;

(2) 请由这些数据计算平均数、中位数和标准差,并对他们的含义进行解释.

习题 15.2

A 组

1. 有一种鱼的身体吸收汞,汞的含量超过体重的 1.00 ppm(即百万分之一)时就会对人体产生危害. 在 30 条鱼的样本中发现的汞含量是:

0.07	0.24	0.95	0.98	1.02	0.98	1.37	1.40	0.39	1.02
1.44	1.58	0.54	1.08	0.61	0.72	1.20	1.14	1.62	1.68
1.85	1.20	0.81	0.82	0.84	1.29	1.26	2.10	0.91	1.31

(1) 从前两位数作为茎,画出样本数据的茎叶图;

(2) 描述一下汞含量的分布特点;

(3) 从实际情况看,许多鱼的汞含量超标在于有些鱼在出售之前没有被检查过. 每批这种鱼的平均汞含量都比 1.00 ppm 大吗?

(4) 求出上述样本数据的平均数和标准差;

(5) 有多少条鱼的汞含量在平均数与 2 倍标准差的和(差)的范围内?

2. 在一批棉花中抽测了 60 根棉花的纤维长度,结果如下(单位:mm).

82	202	352	321	25	293	293	86	28	206
323	335	257	33	325	113	233	294	502	96
115	236	357	326	52	301	140	328	238	358
58	255	143	360	340	302	370	343	260	303
59	146	60	263	170	305	380	346	61	305
175	348	264	383	62	306	195	350	265	385

作出这个样本的频率分布直方图(在对样本数据分组时,可试用几种不同的分组方式,然后从中选择一种较为合适的分组方法).棉花的纤维长度是棉花质量的重要指标,你能从图中分析出这批棉花的质量状况吗?

3. 甲乙两台机床同时生产一种零件,10 天中,两台机床每天的次品数分别是:

甲　0 1 0 2 2 0 3 1 2 4

乙　2 3 1 1 0 2 1 1 0 1

分别计算这两组数据的平均数和方差,并判断哪台机床性能较好.

4. 在去年的足球甲 A 联赛上,一队每场比赛平均失球数是 1.5,全年比赛失球数的标准差为 1.1;二队每场比赛平均失球数的标准差是 2.1,全年失球个数的标准差是 0.4,你认为下列说法哪一种是正确的,为什么?

(1) 平均说来一队比二队技术好;

(2) 二队比一队技术水平更稳定;

(3) 一队有时表现很差,有时表现又非常好;

(4) 二队很少不失球.

5. 在一次人才招聘会上,有一家公司的招聘员告诉你,"我们公司的收入水平很高""去年,在 50 名员工中,最高年收入达到了 100 万,他们年收入的平均数是 3.5 万". 如果你希望获得年薪 2.5 万元,

(1) 你是否能够判断自己可以成为此公司的一名高收入者?

(2) 如果招聘员继续告诉你,"员工收入的变化范围从 0.5 万到 100 万",这个信息是否足以使你做出自己是否受聘的决定? 为什么?

(3) 如果招聘员继续给你提供了如下信息,员工收入的中间 50%(即去掉最少的 25% 和最多的 25% 所剩下的)的变化范围是 1 万到 3 万,你又该如何使用这条信息来做出是否受聘的决定?

B 组

1. 在训练运动员的过程中,需要进行体能测试,这种测试通常是由专业部门完成的. 下面的结果是由两个权威部门对 10 名游泳运动员进行测试后给出的.

测试	A	B	C	D	E	F	G	H	I	J
T1	20	23	24	18	17	16	25	24	21	19
T2	31	39	39	29	28	31	40	30	31	30

已经知道,对全国样本,测试 T1 的平均数为 20,标准差为 2;测试 T2 的平均数是 35,标准差是 3.

(1) 上述两个测试哪一个做得更好些?

(2) 如果你是教练,为了增强你的队员的信心,你应该选择哪个测试?

(3) 分值越高,运动员的运动水平越高. 哪一名运动员最强? 哪一名运动员最弱?

2. 调查本班每个寝室在同一周的用电量,作出这组数据的频率分布表、频率分布直方图以及频率折线图,对你所在地区的用电量情况进行估计,然后在全班进行讨论.

15.3 相关关系

15.3.1 变量之间的相关关系

思考:在学校里,老师对学生经常这样说:"如果你的数学成绩好,那么你的物理学习就不会有什么大问题. "按照这种说法,似乎学生的物理成绩与数学成绩之间存在着一种相关关系. 这种说法有没有什么根据呢?

凭我们的学习经验可知,物理成绩确实与数学成绩有一定的关系,但除此之外,还存在其他影响物理成绩的因素. 例如,是否喜欢物理,用在物理学习上的时间等. 当我们主要考虑数学成绩对物理成绩的影响时,就是要考查这两者之间的关系.

我们还可以举出现实生活中存在的许多相关关系的问题，例如：

（1）商品销售收入与广告支出经费之间的关系．商品销售收入与广告支出经费有着密切的联系，但商品销售收入不仅与广告支出多少有关，还与商品质量、居民收入等因素有关．

（2）粮食产量与施肥量之间的关系．在一定范围内，施肥量越大，粮食产量就越高．但是，施肥量并不是决定粮食产量的唯一因素，因为粮食产量还受到土壤质量、降雨量、田间管理水平等因素的影响．

（3）人体内的脂肪含量与年龄之间的关系．在一定年龄段内，随着年龄的增长，人体内的脂肪含量会增加，但人体内的脂肪含量还与饮食习惯、体育锻炼等有关，可能还与个人的先天体质有关．

应当说，对于上述各种问题中的两个变量之间的相关关系，我们都可以根据自己的生活、学习经验做出相应的判断，因为"经验当中有规律"．但是，不管你的经验多么丰富，如果只凭经验办事，还是很容易出错的．因此，在分析两个变量之间的相关关系时，我们需要一些有说服力的解释．

在寻找变量之间相关关系的过程中，统计同样发挥着非常重要的作用．因为上面提到的这种关系，并不像匀速直线运动中时间与路程的关系那样是完全确定的，而是带有不确定性．这就需要通过收集大量的数据（有时通过调查，有时通过实验），在对数据进行统计分析的基础上，发现其中的规律，才能对它们之间的关系做出判断．

随堂练习

1. 有关法律规定，香烟盒上必须印上"吸烟有害健康"的警示语．吸烟是否一定会引起健康问题？你认为"健康问题不一定是由吸烟引起的，所以可以吸烟"的说法对吗？

2. 某地区的环境条件适合天鹅栖息繁衍，有人经过统计发现了一个有趣的现象，如果村庄附近栖息的天鹅多，那么这个村庄的婴儿出生率也高，天鹅少的地方婴儿的出生率低．于是，他就得出一个结论：天鹅能够带来孩子．你认为这样得到的结论可靠吗？如何证明这个结论的可靠性？

15.3.2 两个变量的线性相关

探究：在一次对人体脂肪含量和年龄关系的研究中，研究人员获得了一组样本数据，见表15.3.1，人体的脂肪百分比和年龄：

表15.3.1

年龄	23	27	39	41	45	49	50
脂肪	9.5	17.8	21.2	25.9	27.5	26.3	28.2
年龄	53	54	56	57	58	60	61
脂肪	29.6	30.2	31.4	30.8	33.5	35.2	34.6

根据上述数据，人体的脂肪含量与年龄之间有怎样的关系？

一般地,对于某个人来说,他的体内脂肪不一定随年龄增长而增加或减少.但是如果把很多个体放在一起,这时就可能表现出一定的规律性.各年龄对应的脂肪数据是这个年龄人群脂肪含量的样本平均数.观察表中数据,大体上来看,随着年龄的增加,人体中脂肪的百分比也在增加.为了确定这一关系的细节,我们需要进行数据分析.与以前一样,我们可以作统计图、表.通过作统计图、表,可以使我们对两个变量之间的关系有一个直观上的印象和判断.

下面要作的图叫作散点图 (scatterplot),对于表 15.3.2 中的数据,我们假设人的年龄影响体内脂肪含量,于是,按照习惯,以 x 轴表示年龄,以 y 轴表示脂肪含量,得到相应的散点图(图 15.3.1).

从散点图中我们可以看出,年龄越大,体内脂肪含量越高.图中点的趋势表明两个变量之间确实存在一定的关系,这个图支撑着我们从数据表中得出的结论.

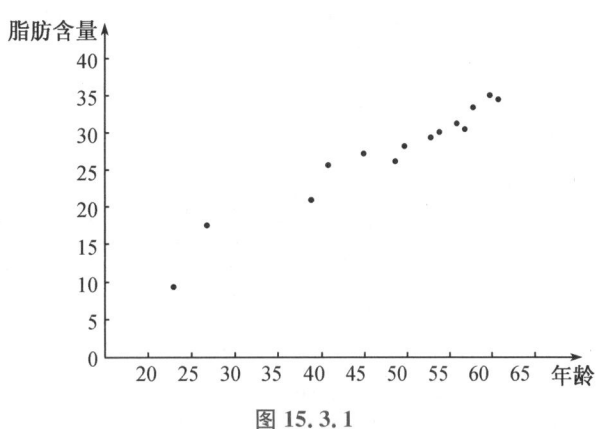

图 15.3.1

另外,这些点散布的位置也是值得注意的,它们散布在从左下角到右上角的区域.对于两个变量的这种相关关系,我们将它称为正相关.还有一些变量,例如,汽车的重量和汽车每消耗 1 L 汽油所行驶的平均路程,成负相关,汽车越重,每消耗 1 L 汽油所行驶的平均路程就越短,这时的点散布在从左上角到右下角的区域内.

思考:(1) 两个变量成负相关关系时,散点图有什么特点?

(2) 你能举出一些生活中的变量成正相关或成负相关的例子吗?

接下来,需要进一步考虑的问题是,当人的年龄增加时,体内脂肪含量到底是以什么样的方式增加的呢?

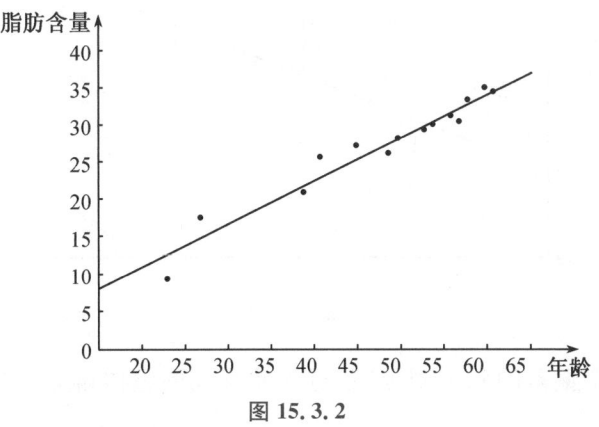

图 15.3.2

从散点图上可以看出，这些点大致分布在通过散点图中心的一条直线附近(图 15.3.2).如果散点图中点的分布从整体上看大致在一条直线附近，我们就称这两个变量之间具有线性相关关系，这条直线叫作回归直线(regression line). 如果能够求出这条回归直线的方程(简称回归方程)，那么我们就可以比较清楚地了解年龄与体内脂肪含量的相关性. 就像平均数可以作为一个变量的数据的代表一样，这条直线可以作为两个变量具有线性相关关系的代表.

那么，我们应当如何具体求出这个回归方程呢？

实际上，求回归方程的关键是如何用数学的方法来刻画"从整体上看，各点与此直线的距离最小". 人们经过长期的实践与研究，已经得出了计算回归方程的斜率与截距的一般公式：

$$\begin{cases} b = \dfrac{\sum\limits_{i=1}^{n}(x_i-\bar{x})(y_i-\bar{y})}{\sum\limits_{i=1}^{n}(x_i-\bar{x})^2} = \dfrac{\sum\limits_{i=1}^{n}x_iy_i-n\bar{x}\,\bar{y}}{\sum\limits_{i=1}^{n}x_i^2-n\bar{x}^2} \\ a = \bar{y}-b\bar{x} \end{cases} \quad ①$$

其中，b 是回归方程的斜率，a 是截距.

推导公式①的计算比较复杂，这里不做推导. 但是，我们可以解释一下得出它的原理.

假设我们已经得到两个具有线性相关关系的变量的一组数据

$$(x_1,y_1),(x_2,y_2),\cdots,(x_n,y_n),$$

且所求回归方程是

$$\hat{y}=bx+a,$$

其中 a,b 是待定参数. 当变量 x 取 $x_i(i=1,2,\cdots,n)$ 时，可以得到

$$\hat{y}_i=bx_i+a,(i=1,2,\cdots,n),$$

它与实际收集到的 y_i 之间的偏差是

$$y_i-\hat{y}_i=y_i-(bx_i+a)(i=1,2,\cdots,n).$$

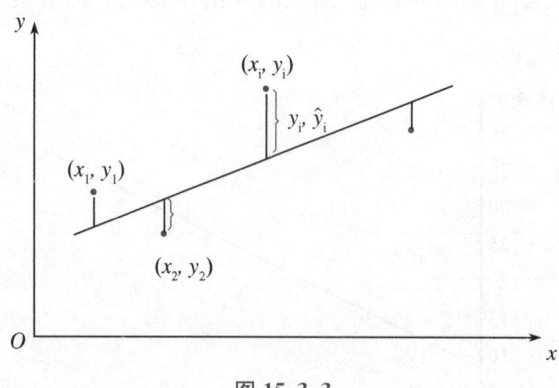

图 15.3.3

这样，用这 n 个偏差的和来刻画"各点与此直线的整体偏差"是比较合适的. 由于 $(y_i-\hat{y}_i)$ 可正可负，为了避免相互抵消，可以考虑用 $\sum\limits_{i=1}^{n}(y_i-\hat{y}_i)^2$ 来代替，即

$$Q=(y_1-bx_1-a)^2+(y_2-bx_2-a)^2+\cdots+(y_n-bx_n-a)^2 \qquad ②$$

来刻画 n 个点与回归直线在整体上的偏差.

这样,问题就归结为:当 a,b 取什么值时 Q 最小,即总体偏差最小. 经过数学上求最小值的运算,a,b 的值由公式①给出.

通过求②式的最小值而得出回归直线的方法,即求回归直线,使得样本数据的点到它的距离的平方和最小,这一方法叫作最小二乘法(method of least square).

根据最小二乘法的思想和公式①,利用计算机可以方便地求出回归方程.

以 Excel 软件为例,用散点图来建立表示人体的脂肪含量与年龄的相关关系的线性回归方程,具体步骤如下:

(1) 在 Excel 中选定表示人体的脂肪含量与年龄的相关关系的散点图(如图 15.3.1 所示),在菜单中选定"图标"中的"添加趋势线"选项,弹出"添加趋势线"对话框.

(2) 单机"类型"标签,选定"趋势预测/回归分析类型"中的"线性"选项,单击"确定"按钮,得到回归直线.

(3) 双击回归直线,弹出"趋势线格式"对话框. 单击"选项"标签,选定"显示公式",最后单击"确定"按钮,得到回归直线的回归方程(图 15.3.4)

$$\hat{y}=0.583\,7x-0.586\,9.$$

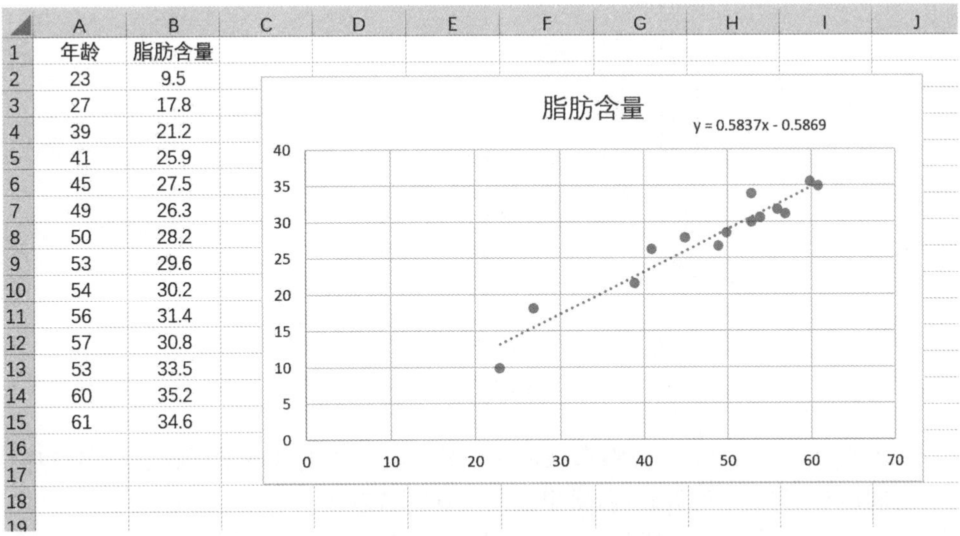

	A	B
1	年龄	脂肪含量
2	23	9.5
3	27	17.8
4	39	21.2
5	41	25.9
6	45	27.5
7	49	26.3
8	50	28.2
9	53	29.6
10	54	30.2
11	56	31.4
12	57	30.8
13	53	33.5
14	60	35.2
15	61	34.6

图 15.3.4

正像本节开头所说的,我们从人体脂肪含量与年龄这两个变量的一组随机样本数据中,找到了它们之间关系的一个规律,这个规律是由回归直线来反映的.

利用回归直线,我们可以进行预测. 如果我们知道了某个人的年龄,就可以利用回归方程来预测他的体内脂肪含量的百分比. 例如,某人 37 岁,我们预测他的体内脂肪含量在 20.87%(0.576×37−0.446=20.87%)附近的可能性比较大. 不过,我们不能说他的体内脂肪含量就一定是 20.87%. 事实上,这个 20.87%是对年龄为 37 岁的人群中的大部分人的体内脂肪含量所做出的估计.

思考:将表 15.3.1 中的年龄作为 x 带入上述回归方程,看看得出的数值与真实数值之间的关系. 从中你体会到什么?

例 有一个同学家里开了一个小卖部,他为了研究气温对热饮销售的影响,经过统计,得到一个卖出的热饮杯数与当天气温的统计表:

表 15.3.2

温度/℃	−5	0	4	7	12	15	19	23	27	31	36
热饮杯数	156	150	132	128	130	116	104	89	93	76	54

(1) 画出散点图;

(2) 从散点图中发现气温与热饮销售杯数之间关系的一般规律;

(3) 求回归方程;

(4) 如果某天的气温是 2 ℃,预测这天卖出的热饮杯数.

解:(1) 散点图如图 15.3.5 所示:

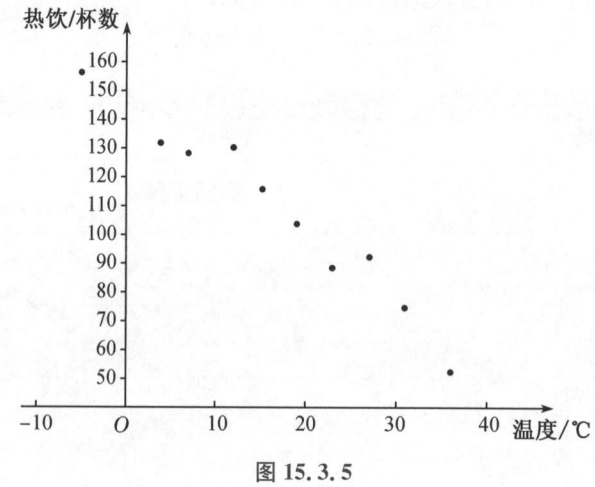

图 15.3.5

(2) 从图 15.3.5 看出,各点散布在从左上角到右下角的区域里,因此,气温与热饮销售杯数之间成负相关,即气温越高,卖出去的热饮杯数越少.

(3) 从散点图可以看出,这些点大致分布在一条直线附近,因此,可用公式①求出回归方程的系数.

利用软件用以求得回归方程

$$\hat{y} = -2.352x + 147.767.$$

(4) 当 $x = 2$ 时,$\hat{y} = 143.063$. 因此,某天的气温为 2 ℃时,这天大约可以卖出 143 杯热饮.

思考:当气温为 2 ℃ 时,小卖部一定能够卖出 143 杯左右热饮吗? 为什么?

1. 利用本节例题中求出的回归方程,求当 $x=0$ 时的 $\hat{y}$ 值,说明它为什么与实际卖出的热饮杯数不一样.

2. 下表给出了某些地区鸟的种类数与这些地区的海拔高度(单位:m)数据.分析这些数据,看一看鸟的种类与海拔高度是否有关.

地区	A	B	C	D	E	F	G	H	I	J	K
种类数	36	30	37	11	11	13	17	13	29	4	15
海拔/m	1250	1158	1067	457	701	731	610	670	1493	762	549

阅读与思考

相关关系的强与弱

我们知道,两个变量 x、y 正(负)相关时,它们就有相同(反)的变化趋势,即当 x 由小变大时,相应的 y 有由小(大)变大(小)的趋势,因此可以用回归直线来描述这种关系.与此相关的一个问题是:如何描述 x 和 y 之间的这种线性关系的强弱?例如,物理成绩与数学成绩正相关,但数学成绩能够在多大程度上决定物理成绩?这就是相关强弱的问题.类似的还有吸烟与健康的负相关强度、父母身高与子女身高的正相关强度、农作物的产量与施肥量的正相关强度等.

统计中用相关系数 r 来衡量两个变量之间线性关系的强弱.若相应于变量 x 的取值 x_i,变量 y 的观测值为 y_i($1 \leqslant i \leqslant n$),则两个变量的相关系数的计算公式为

$$r = \frac{\sum\limits_{i=1}^{n}(x_i - \bar{x})(y_i - \bar{y})}{\sqrt{\sum\limits_{i=1}^{n}(x_i - \bar{x})^2 \sum\limits_{j=1}^{n}(y_i - \bar{y})^2}}$$

不同的相关性可以从散点图上直观地反映出来.图1、图2反映了变量 x、y 之间很强的线性相关关系,而图4中的两个变量的线性相关程度很弱.

对于相关系数 r,首先值得注意的是它的符号.当 r 为正时,表明变量 x、y 正相关;当 r 为负时,表明变量 x、y 负相关.反映在散点图上,图1中的变量 x、y 正相关,这时的 r 为正,图2中的变量 x、y 负相关,这时的 r 为负.

另一个值得注意的是 r 的大小.统计学认为,对于变量 x、y,如果 $r \in [-1, -0.75]$,那么负相关很强;如果 $r \in [0.75, 1]$,那么正相关很强;如果 $r \in [-0.25, 0.25]$,那么相关性较弱;当 r 属于其他范围时,相关性一般.图1的 $r=0.97$,这些点有明显地从左下角到右上角沿直线分布趋势,这时用线性回归模型描述两个变量之间的关系效果很好;图2的 $r=-0.85$,这些点也有明显地从左上角到右下角沿直线分布趋势,这时用线性回归模型描述两个变量之间的关系也有好的效果;图3的 $r=0.24$,这些点的分布几乎没有什么规

则,这时不能用线性回归模型描述两个变量之间的关系;图 4 的 $r=-0.05$,两个变量之间几乎没有什么关系,这时就更不能用线性回归模型描述两个变量之间的关系.

你能试着对自己身边的某个问题,确定两个变量,通过收集数据,计算相关系数,然后分析一下能否用线性回归模型来拟合它们之间的关系吗?

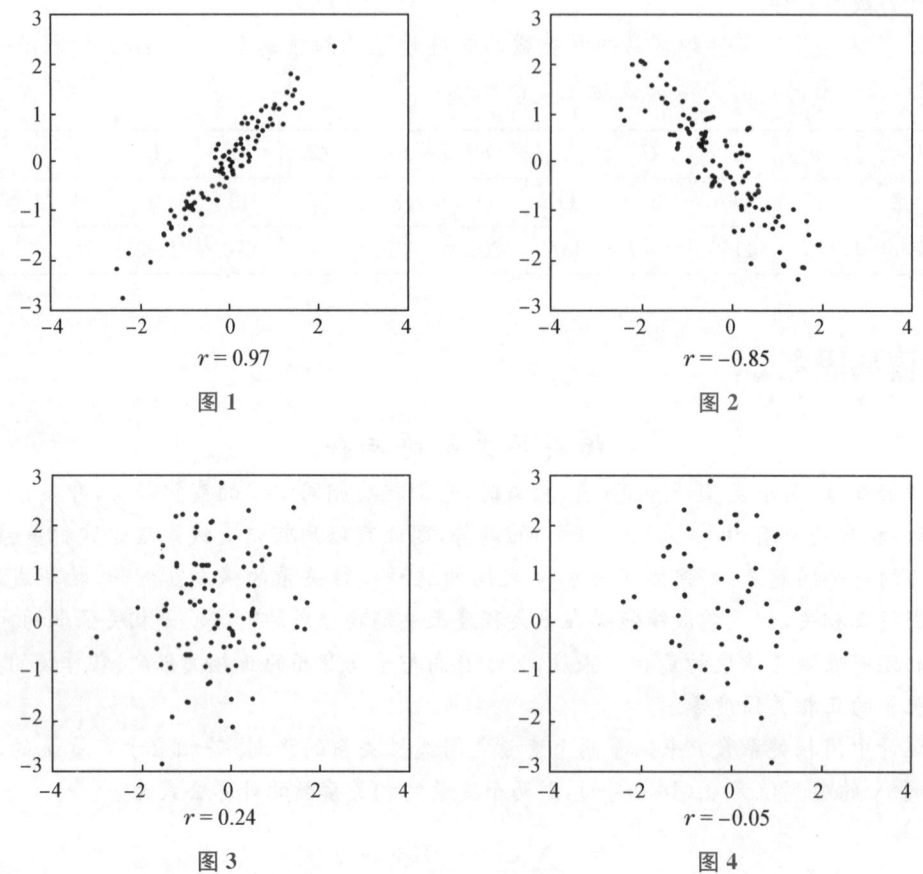

$r=0.97$ 图 1 $r=-0.85$ 图 2

$r=0.24$ 图 3 $r=-0.05$ 图 4

习题 15.3

A 组

1. "名师出高徒"可以解释为教师的水平越高,学生的水平也越高. 那么,教师的水平与学生的水平成什么相关关系? 你能举出更多的描述生活中两个变量的相关关系的成语吗?

2. 有时候,一些东西吃起来口味越好,对我们的身体越有害.下列给出了不同类型的某种食品的数据.第一列表示此种食品所含热量的百分比,第二列数据表示由一些美食家以百分制给出的对此种食品口味的评价:

品牌	所含热量的百分比	口味记录
A	25	89
B	34	89
C	20	80
D	19	78
E	26	75
F	20	71
G	19	65
H	24	62
I	19	60
J	13	52

（1）作出这些数据的散点图；

（2）作出回归直线图；

（3）关于两个变量之间的关系，你能得出什么结论？

（4）对于这种食品，为什么更喜欢吃的散点分布位于回归直线上方的食品而不是下方的？

3. 一个车间为了规定工时定额，需要确定加工零件所花费的时间，为此进行了 10 次试验，收集数据如下：

零件数 x（个）	10	20	30	40	50	60	70	80	90	100
加工时间 y（min）	62	68	75	81	89	95	102	108	115	122

（1）画出散点图；

（2）求回归方程；

（3）从加工零件的个数与加工时间来看，你能得出什么结论？

B 组

1. 生活中有许多变量之间的关系是值得我们去研究的. 例如，关于我们自己的身体，身高与体重之间是否存在某种相关性呢？请从你自己的班里抽取适当的样本，然后再收集好数据，对它们的相关性进行分析.

小　结

一、本章知识结构

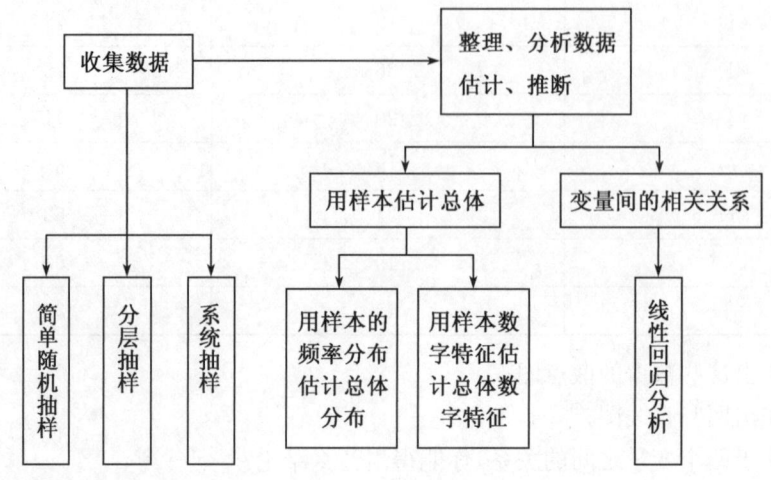

二、回顾与思考

1. 统计与现实生活的联系非常密切

对于现实中的一些随机现象,通过收集大量数据,再通过一定的统计分析来发现随机现象中的规律性,这就是统计这门学科的主要任务. 因此,我们应当逐步学会从现实生活或其他学科中提出有意义的统计问题.

你能从你自己的学习、生活中提出一些统计问题吗? 为什么你认为这些问题是有意义的吗?

2. 抽样调查是收集数据的主要方式

(1) 在抽取样本的过程中,考虑最主要的原则是什么?

(2) 本章介绍的三种随机抽样方法,它们有什么联系与区别? 它们各自的特点和适用范围是什么?

3. 用样本估计总体是统计的基本思想

一般用样本的频率分布估计总体分布,以及用样本的特征数估计总体的特征数两类估计.

(1) 现实生活中的许多总体的分布我们并不知道. 例如,全国所有高一年级学生的身高作为一个总体,它的分布情况我们是无法准确得知的. 那么,通过对全国所有高一年级学生的身高进行随机抽样,获得的样本频率与相应的总体分布有差别吗? 另外,样本频率分布有没有随机性? 请以你们班同学的身高作为一个总体,从中随机抽取 20 名同学的身高作为样本,作出样本频率分布图,并与其他同学作出的样本频率分布图比较一下,从中体会样本频率分布的随机性.

(2) 样本的数字特征有众数、中位数、平均数以及标准差. 众数、中位数和平均数是三种最常用的数字特征. 众数就是样本数据中出现最多的那个值,如果变量是分类变量,那么用众数是很有必要的. 例如,对于班委会要做出的一项决定,考查班里同学对它赞成与否就可以使用众数? 你能举出日常生活中使用众数的例子吗?

中位数把样本数据分成了相同数目的两部分,其中一部分都比这个数小,另一部分都比这个数大. 在什么情况下用中位数比用众数、平均数好一些?

我们可以把平均数比喻成为样本数据的"重心". 为什么说,如果平均数的大小与中位数大小差不多时,用平均数比用中位数更合适些?

在"去掉一个最高分 9.95 分,去掉一个最低分 8.80 分,选手最后得分 9.75 分"中,用了什么统计策略?

除了知道数据中心外,知道数据是如何散布的也很重要. 标准差就是最重要的表示数据离散程度的量,它表明了在平均意义下样本个体数据与平均数的偏离程度.

样本平均数与标准差是否具有随机性? 你能举个例子说明吗?

4. 分析两个变量之间的关系

在统计分析时,通常要回答诸如"从样本数据看,变量之间有关系吗""是什么样的关系""是否能推广到总体中去"等问题. 在本章,我们初步介绍了如何根据样本数据散点图确定两个变量之间是否存在相关关系,以及如何通过最小二乘法求出回归直线方程.

复习参考题

A 组

1. 选择题.

为了了解某地参加计算机水平测试的 5000 名学生的成绩,从中抽取了 200 名学生的成绩进行统计分析. 在这个问题中,5000 名学生成绩的全体是(　　).

　　A. 总体　　　　　　　　　　B. 个体

　　C. 从总体中抽取的一个样本　　D. 样本的容量

2. 填空题.

(1) 在已分组的若干数据中,每组的频数是指_____,每组的频率是指_____.

(2) 一个公司共有 N 名员工,下设一些部门,要采用等比例分层抽样的方法从全体员工中抽取样本容量为 n 的样本,已知某部门有 m 名员工,那么从该部门抽取的员工人数是_____.

3. 在某年的春季,一家著名的全国连锁服装店进行了一项关于当年秋季服装流行色的民意调查. 调查者通过向顾客发放饮料,并让顾客通过挑选饮料杯上印着的颜色来对自己喜欢的服装颜色"投票". 根据这次调查结果,在 A 城市,服装颜色的众数是红色,而当年全国服装协会发布的是咖啡色.

(1) 这个结果是否意味着 A 城市的人比其他地方的人较少倾向于选择咖啡色?

(2) 你认为这两种调查的差异是由什么引起的?

4. 如果调查目的是要确定被调查者的收入水平,请设计一种提问方法.

5. 从一本英语书中随机抽取 100 个句子，数出每个句子的单词数，作出这 100 个数据的频率分布图，由此你可以做出什么估计？

6. 在一场文艺比赛中，12 名专业人士和 12 名观众代表各组成一个评判小组，给参赛选手打分．下面是两个评判组对同一名选手的打分：

小组 A　42　45　48　46　52　47　49　55　42　51　47　45

小组 B　55　36　70　66　75　49　46　68　42　62　58　47

（1）解释如何衡量每一组成员的相似性；

（2）对每一组计算这种相似性的度量值．你能据此判断小组 A 与小组 B 哪一个更像是由专业人士组成的吗？

7. 16 种食品所含的热量值如下：

111　　123　　123　　164　　430　　190　　175　　236

430　　320　　250　　280　　160　　150　　210　　123

（1）求数据的中位数与平均数；

（2）用这两种数字特征中的哪一种来描述这个数据集更合适？

8. 改革开放以来，我国高等教育事业有了迅速发展．这里我们得到了某省从 1990～2000 年 18～24 岁的青年人每年考入大学的百分比．我们把农村、县镇和城市分开统计．为了计算方便，把 1990 年编号为 0，1991 年编号为 1……2000 年编号为 10．如果把每年考入大学的百分比作为因变量，把年份从 0 到 10 作为自变量进行回归分析，可以得到下面三个回归方程：

城市 $\hat{y}=9.50+2.84x$；县镇 $\hat{y}=6.76+2.32x$；

农村 $\hat{y}=1.80+0.42x$．

（1）在同一个坐标系内作出三条回归直线．

（2）对于农村青年来讲，系数等于 0.42 意味着什么？

（3）在这一阶段，三个组哪个的大学入学率年增长最快？

B 组

想象一下一个人从出生到死亡，在每个生日都测量身高，并作出这些数据散点图，这些点并不会落在一条直线上．但在一段时间内的增长数据有时可以用线性回归来分析．下表是一位母亲给儿子做的成长记录：

年龄/周岁	3	4	5	6	7	8	9	10	11	12	13	14
身高/cm	90.8	97.6	104.2	110.9	115.6	122.0	128.5	134.2	140.8	147.6	154.2	160.9

（1）作出这些数据的散点图；

（2）求出这些数据的回归方程；

（3）对于这个例子，你如何解释回归系数的含义？

（4）用下一年的身高减去当年的身高，计算他每年身高的增长数，并计算他从 3～14 岁身高的年均增长数．

（5）解释一下回归系数与每年平均增长的身高之间的关系．

附 表

随机数表

03 47 43 73 86	36 96 47 36 61	46 98 63 71 62	33 26 16 80 45	60 11 14 10 95
97 74 24 67 62	42 81 14 57 20	42 53 32 37 32	27 07 36 07 51	24 51 79 89 73
16 76 62 27 66	56 50 26 71 07	32 90 79 78 53	13 55 38 58 59	88 97 54 14 10
12 56 85 99 26	96 96 68 27 31	05 03 72 93 15	57 12 10 14 21	88 26 49 81 76
55 59 56 35 64	38 54 82 46 22	31 62 43 09 90	06 18 44 32 53	23 83 01 30 30

16 22 77 94 39	49 54 43 54 82	17 37 93 23 78	87 35 20 96 43	84 26 34 91 64
84 42 17 53 31	57 24 55 06 88	77 04 74 47 67	21 76 33 50 25	83 92 12 06 76
63 01 63 78 59	16 95 55 67 19	98 10 50 71 75	12 86 73 58 07	44 39 52 38 79
33 21 12 34 29	78 64 56 07 82	52 42 07 44 38	15 51 00 13 42	99 66 02 79 54
57 60 86 32 44	09 47 27 96 54	49 17 46 09 62	90 52 84 77 27	08 02 73 43 28

18 18 07 92 45	44 17 16 58 09	79 83 86 19 62	06 76 50 03 10	55 23 64 05 05
26 62 38 97 75	84 16 07 44 99	83 11 46 32 24	20 14 85 88 45	10 93 72 88 71
23 42 40 64 74	82 97 77 77 81	07 45 32 14 08	32 98 94 07 72	93 85 79 10 75
52 36 28 19 95	50 92 26 11 97	00 56 76 31 38	80 22 02 53 53	86 60 42 04 53
37 85 94 35 12	83 39 50 08 30	42 34 07 96 88	54 42 06 87 98	35 85 29 48 39

70 29 17 12 13	40 33 20 38 26	13 89 51 03 74	17 76 37 13 04	07 74 21 19 30
56 62 18 37 35	96 83 50 87 75	97 12 55 93 47	70 33 24 03 54	97 77 46 44 80
99 49 57 22 77	88 42 95 45 72	16 64 36 16 00	04 43 18 66 79	94 77 24 21 90
16 08 15 04 72	33 27 14 34 09	45 59 34 68 49	12 72 07 34 45	99 27 72 95 14
31 16 93 32 43	50 27 89 87 19	20 15 37 00 49	52 85 66 60 44	38 68 88 11 80

68 34 30 13 70	55 74 30 77 40	44 22 78 84 26	04 33 46 09 52	68 07 97 06 57
74 57 25 65 76	59 29 97 68 60	71 91 38 67 54	13 58 18 24 76	15 54 55 95 52
27 42 37 86 53	48 55 90 65 72	96 57 69 36 10	96 46 92 42 45	97 60 49 04 91
00 39 68 29 61	66 37 32 20 30	77 84 57 03 29	10 45 65 04 26	11 04 96 67 24
29 94 98 94 24	68 49 69 10 82	53 75 91 93 30	34 25 20 57 27	40 48 73 51 92

16 90 82 66 59	83 62 64 11 12	67 19 00 71 74	60 47 21 29 68	02 02 37 03 31
11 27 94 75 06	06 09 19 74 66	02 94 37 34 02	76 70 90 30 86	38 45 94 30 38
35 24 10 16 20	33 32 51 26 38	79 78 45 04 91	16 92 53 56 16	02 75 50 95 98
38 23 16 86 38	42 38 97 01 50	87 75 66 81 41	40 01 74 91 62	48 51 84 08 32
31 96 25 91 47	96 44 33 49 13	34 86 82 53 91	00 52 43 48 85	27 55 26 89 62

66 67 40 67 14　64 05 71 95 86　11 05 65 09 68　76 83 20 37 90　57 16 00 11 66
14 90 84 45 11　75 73 88 05 90　52 27 41 14 86　22 98 12 22 08　07 52 74 95 80
68 05 51 18 00　33 96 02 75 19　07 60 62 93 55　59 33 82 43 90　49 37 38 44 59
20 46 78 73 90　97 51 40 14 02　04 02 33 31 08　39 54 16 49 36　47 95 93 13 30
64 19 58 97 79　15 06 15 93 20　01 90 10 75 06　40 78 78 89 62　02 67 74 17 33

05 26 93 70 60　22 35 85 15 13　92 03 51 59 77　59 56 78 06 83　52 91 05 70 74
07 97 10 88 23　09 98 42 99 64　61 71 62 99 15　06 51 29 16 93　58 05 77 09 51
68 71 86 85 85　54 87 66 47 54　73 32 08 11 12　44 95 92 63 16　29 56 24 29 48
26 99 61 65 53　58 37 78 80 70　42 10 50 67 42　32 17 55 85 74　94 44 67 16 94
14 65 52 68 75　87 59 36 22 41　26 78 63 06 55　13 08 27 01 50　15 29 39 39 43

17 53 77 58 71　71 41 61 50 72　12 41 94 96 26　44 95 27 36 99　02 96 74 30 83
90 26 59 21 19　23 52 23 33 12　96 93 02 18 39　07 02 18 36 07　25 99 32 70 23
41 23 52 55 99　31 04 49 69 96　10 47 48 45 88　13 41 43 89 20　97 17 14 49 17
60 20 50 81 69　31 99 73 68 68　35 81 33 03 76　24 30 12 48 60　18 99 10 72 34
91 25 38 05 90　94 58 28 41 36　45 37 59 03 09　90 35 57 29 12　82 62 54 65 60

34 50 57 74 37　98 80 33 00 91　09 77 93 19 82　74 94 80 04 04　45 07 31 66 49
85 22 04 39 43　73 81 53 94 79　33 62 46 86 28　08 31 54 46 31　53 94 13 38 47
09 79 13 77 48　73 82 97 22 21　05 03 27 24 83　72 89 44 05 60　35 80 39 94 88
88 75 80 18 14　22 95 75 42 49　39 32 83 22 49　02 48 07 70 37　16 04 61 67 87
90 96 23 70 00　39 00 03 06 90　55 85 78 38 36　94 37 30 69 32　90 89 00 76 33

53 74 23 99 67　61 32 28 69 84　94 62 67 86 24　98 33 41 19 95　47 53 53 38 09
63 38 06 86 54　99 00 65 26 94　02 82 90 23 07　79 62 67 80 60　75 91 12 81 19
35 30 58 21 46　06 72 17 10 94　25 21 31 75 96　49 28 24 00 49　55 65 79 78 07
63 43 36 82 69　65 51 18 37 88　61 38 44 12 45　32 92 85 88 65　54 34 81 85 35
98 25 37 55 26　01 91 82 81 46　74 71 12 94 97　24 02 71 37 07　03 92 18 66 75

02 63 21 17 69　71 50 80 89 56　38 15 70 11 48　43 40 45 86 98　00 83 26 91 03
64 55 22 21 82　43 22 28 06 00　61 54 13 43 91　82 78 12 23 29　06 66 24 12 27
85 07 26 13 89　01 10 07 82 04　59 63 69 36 03　69 11 15 83 80　13 29 54 19 28
58 54 16 24 15　51 54 44 82 00　62 61 65 04 69　38 18 65 18 97　85 72 13 49 21
34 85 27 84 87　61 48 64 56 26　90 18 48 13 26　37 70 15 42 57　65 65 80 39 07

03 92 18 27 46　57 99 16 96 56　30 33 72 85 22　84 64 38 56 98　99 01 30 93 64
62 93 30 27 59　37 75 41 66 48　86 97 80 61 45　23 53 04 01 63　45 76 08 64 27
08 45 93 15 22　60 21 75 46 91　93 77 27 85 42　28 88 61 08 84　69 62 08 42 78
07 08 55 18 40　45 44 75 13 90　24 94 96 61 02　57 55 66 83 15　73 42 37 11 61
01 85 89 95 66　51 10 19 34 88　15 84 97 19 75　12 76 39 43 78　64 63 91 08 25

72 81 71 14 85　　19 11 58 49 26　　50 11 17 17 76　　86 81 57 20 18　　95 60 78 46 75
88 78 28 16 84　　13 52 58 94 53　　75 45 69 80 96　　73 89 65 70 31　　99 17 48 48 76
45 17 75 65 57　　28 40 19 72 12　　25 12 74 75 67　　60 40 60 81 19　　24 62 01 61 16
96 76 28 12 54　　22 01 11 94 25　　71 96 16 16 88　　68 64 36 74 45　　19 59 50 88 92
43 31 67 72 30　　24 02 94 08 63　　88 32 36 66 02　　69 36 88 25 39　　48 08 45 15 22

50 44 66 44 21　　66 06 58 05 62　　68 15 54 35 02　　42 35 48 95 32　　14 52 41 52 48
22 66 22 15 86　　26 63 75 41 99　　58 42 36 72 24　　58 37 52 18 51　　03 37 18 39 11
96 24 40 14 51　　28 22 30 88 57　　95 67 47 29 88　　94 69 40 06 07　　18 16 36 78 86
31 73 91 61 19　　60 20 72 98 48　　98 57 07 28 69　　65 95 39 69 58　　56 80 30 19 44
78 60 73 99 84　　43 89 94 36 45　　56 69 47 07 41　　90 22 91 07 12　　78 35 24 08 72

84 37 90 61 56　　70 10 23 98 05　　85 11 34 76 60　　76 48 45 34 60　　01 64 18 39 96
36 67 10 08 23　　98 93 35 08 86　　99 29 76 29 81　　88 34 91 58 93　　63 14 52 32 52
07 28 59 07 48　　89 64 58 89 75　　83 85 62 27 89　　30 14 78 56 27　　86 63 59 80 02
10 15 83 87 60　　79 24 31 66 56　　21 48 24 06 93　　91 98 94 05 49　　01 47 59 38 00
55 19 68 97 65　　03 73 52 16 56　　00 58 55 90 27　　33 42 29 38 87　　22 13 88 83 34

53 81 29 13 39　　35 01 20 71 34　　62 33 74 82 14　　53 73 19 09 03　　56 54 29 56 93
51 86 32 68 92　　33 98 74 66 99　　40 14 71 94 58　　45 94 19 33 81　　14 44 99 81 07
35 91 70 29 13　　80 03 54 07 27　　96 94 78 32 66　　50 95 52 74 33　　13 80 55 62 54
37 71 67 95 13　　20 02 44 95 94　　64 85 04 05 72　　01 32 90 76 14　　53 89 74 60 41
93 66 13 83 27　　92 79 64 64 72　　28 54 96 53 84　　48 14 52 98 94　　56 07 93 39 30

02 96 08 45 65　　13 05 00 41 84　　93 07 54 72 59　　21 45 57 09 77　　19 48 56 27 44
49 83 43 48 35　　82 88 33 69 96　　72 36 04 19 76　　47 45 15 18 60　　82 11 08 95 97
84 60 71 62 46　　40 80 81 30 37　　34 39 23 05 33　　25 15 35 71 30　　88 12 57 21 77
18 17 30 88 71　　44 91 14 88 47　　89 23 30 63 15　　56 34 20 47 89　　99 82 93 24 93
79 69 10 61 78　　71 32 76 95 62　　87 00 22 58 40　　92 54 01 75 25　　43 11 71 99 31

75 93 36 57 83　　56 20 14 82 11　　74 21 97 90 65　　98 42 68 63 86　　74 54 13 26 94
38 30 92 29 03　　06 23 81 39 38　　62 25 06 84 63　　61 29 08 93 67　　04 32 92 08 09
51 29 50 10 34　　31 57 75 95 80　　51 97 02 74 77　　76 15 48 49 44　　18 55 63 77 09
21 31 38 86 24　　37 79 81 53 74　　73 24 16 10 33　　52 83 90 94 76　　70 47 14 54 36
29 01 23 87 83　　58 02 39 37 67　　42 10 14 20 92　　16 55 23 42 45　　54 96 09 11 06

95 33 92 22 00　　18 74 72 00 18　　38 79 58 69 32　　81 76 80 26 92　　82 80 84 25 39
90 84 60 79 80　　24 36 59 87 38　　82 07 53 89 35　　96 35 23 79 18　　05 98 90 07 35
46 40 62 98 80　　54 97 20 56 95　　15 74 80 08 32　　16 46 70 50 80　　67 72 16 42 79
20 31 89 03 43　　38 46 82 68 72　　32 14 82 99 70　　80 60 47 18 97　　63 49 30 21 30
71 59 73 05 50　　08 22 23 71 77　　91 01 93 20 49　　82 96 59 26 94　　66 39 67 98 60

第十六章　计数原理

微信扫一扫
获取本章资源

　　汽车牌照一般是从 26 个英文字母、10 个阿拉伯数字中选出若干个，并按照适当顺序排列而成的．随着人们生活水平的提高，每个家庭的汽车拥有量迅速增长，汽车牌照号码需要扩容．另外，许多车主还希望自己的牌照"个性化"．那么，交通管理部门应该如何确定汽车牌照号码的组成方法，才能满足大众的需求呢？这就需要"数出"某种汽车牌照号码组成方案下所有可能的号码数，这就是计数．日常生活生产中类似的计数问题大量存在．例如幼儿会通过一个一个数数的方法，计算自己拥有的玩具数量；学校要举行班级篮球比赛，在确定赛制之后，体育组的老师要算一算共需要举行多少场比赛；用红、黄、绿三面旗帜组成航海信号，颜色的不同排列表示不同的信号，共可以组成多少种不同的信号……

　　在小学，我们学了加法和乘法，这是将若干个"小的"数结合成"较大"数的最基本技巧．这种技巧经过推广就成了本章要学习的分类加法计数原理和分步乘法计数原理．这是解决计数问题的两个最基本、最重要的方法．运用这两个计数原理，我们可以得到两类特殊计数问题的计数公式，即排列数公式和组合数公式．作为计数原理与计数公式的一个应用，本章我们还将学习在数学领域广泛应用的二项式定理．

16.1　分类加法计数原理与分步乘法计数原理

思考:用一个大写的英文字母或一个阿拉伯数字给教室里的座位编号,总共能够编出多少种不同的号码?

因为英文字母共有 26 个,阿拉伯数字 0～9 共有 10 个,所以总共可以编出 26＋10＝36 种不同的号码.

探究:你能说说这个问题的特征吗?

上述问题中,最重要的特征是"或"字的出现:每个座位可以用一个英文字母或一个阿拉伯数字编号. 由于英文字母、阿拉伯数字各不相同,因此用英文字母编出的号码与用阿拉伯数字编出的号码也是各不相同.

一般地,有以下原理:

分类加法计数原理　完成一件事有两类不同方案,在第 1 类方案中有 m 种不同的方法,在第 2 类方案中有 n 种不同的方法.那么完成这件事共有

$$N＝m＋n$$

种不同的方法.

例1　在填高考志愿表时,一名高中毕业生了解到,A,B 两所大学各有一些自己感兴趣的强项专业,具体情况如下:

学校	A 大学	B 大学
专业	生物学	数学
	化学	会计学
	医学	信息技术学
	物理学	法学
	工程学	

如果这名同学只能选一个专业,那么他共有多少种选择呢?

分析:由于这名同学在 A,B 两所大学中只能选择一所,并且只能选择一个专业,又由于两所大学没有共同的强项专业,因此符合分类加法计数原理的条件.

解:这名同学可以选择 A,B 两所大学中的一所. 在 A 大学中有 5 种专业选择方法,在 B 大学中有 4 种专业选择方法. 又由于没有一个强项专业是两所大学共有的,因此根据分类加法计数原理,这名同学可能的专业选择共有

$$5＋4＝9(种).$$

探究：如果完成一件事有三类不同方案，在第 1 类方案、第 2 类方案、第 3 类方案中，分别对应有 a 种、b 种、c 种不同的方法，那么完成这件事共有多少种不同的方法？

如果完成一件事情有 n 类不同方案，在每一类中都有若干种不同方法，那么应当如何计数呢？

思考：用前 6 个大写英文字母和 1～9 九个阿拉伯数字，以 $A_1, A_2, \cdots, B_1, B_2, \cdots$ 的方式给教室里的座位编号，总共能编出多少个不同的号码？

这个问题与前一问题不同. 在前一问题中，用 26 个英文字母中的任何一个或 10 个阿拉伯数字中的任何一个，都可以给出一个座位编号. 在这个问题中，号码必须由一个英文字母和一个作为下标的阿拉伯数字组成，得到一个号码必须经过先确定一个英文字母，后确定一个阿拉伯数字这样两个步骤. 用图 16.1.1 的方法可以列出所有可能的号码.

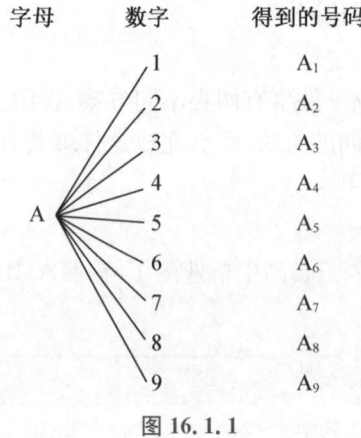

字母	数字	得到的号码

图 16.1.1

我们还可以这样思考：

由于前 6 个英文字母中的任意一个都能与 9 个数字中的任何一个组成一个号码，而且它们各不相同，因此共有

$$6 \times 9 = 54$$

个不同的号码.

探究：你能说说这个问题的特征吗？

上述问题中，最重要的特征是"和"字的出现：每个座位由一个英文字母和一个阿拉伯数字构成，每一个英文字母与不同的数字组成的号码是各不相同的.

一般地，有如下原理：

分步乘法计数原理 完成一件事需要两个步骤，做第 1 步有 m 种不同的方法，做第 2 步有 n 种不同的方法，那么完成这件事共有

$$N＝m\times n$$

种不同的方法.

例 2 设某班级有男生 30 名,女生 24 名.现要从中选出男、女生各一名代表参加班级比赛,共有多少种不同的选法?

分析:选出一组参赛代表,可以分两个步骤.第 1 步选男生,第 2 步选女生.

解:第 1 步,从 30 名男生中选出 1 人,有 30 种不同选择;

第 2 步,从 24 名女生中选出 1 人,有 24 种不同选择.

根据分步乘法计数原理,共有

$$30\times24＝720$$

种不同的选法.

> **探究**:如果完成一件事有三个步骤,在第 1 步、第 2 步、第 3 步分别对应有 a 种、b 种、c 种不同的方法,那么完成这件事共有多少种不同的方法?
>
> 如果完成一件事情有 n 个步骤,在每一个步骤中都有若干种不同方法,那么应当如何计数呢?

例 3 书架的第 1 层放有 4 本不同的计算机书,第 2 层放有 3 本不同的文艺书,第 3 层放有 2 本不同的体育书.

(1) 从书架中任取 1 本书,有多少种不同取法?

(2) 从书架的第 1,2,3 层各取 1 本书,有多少种不同取法?

解:(1) 从书架上任取 1 本书,有 3 类方法:第 1 类方法是从第 1 层取 1 本计算机书,有 4 种方法;第 2 类方法是从第 2 层取 1 本文艺书,有 3 种方法;第 3 类方法是从第 3 层取 1 本体育书,有 2 种方法.根据分类加法计数原理,不同取法的种数是

$$N＝a＋b＋c＝4＋3＋2＝9;$$

(2) 从书架的第 1,2,3 层各取 1 本书,可以分成 3 个步骤完成:第 1 步从第 1 层取 1 本计算机书,有 4 种方法;第 2 步从第 2 层取 1 本文艺书,有 3 种方法;第 3 步从第 3 层取 1 本体育书,有 2 种方法.根据分步乘法计数原理,不同取法的种数是

$$N＝a\times b\times c＝4\times3\times2＝24.$$

例 4 要从甲、乙、丙 3 幅不同的画中选出 2 幅,分别挂在左、右两边墙上的指定位置,问共有多少种不同的挂法?

解:从 3 幅画中选出 2 幅分别挂在左、右两边墙上,可以分两个步骤完成:第 1 步,从 3 幅中选 1 幅挂在左边墙上,有 3 种选法;第 2 步,从剩下的 2 幅画中选 1 幅挂在右边墙上,有 2 种选法.根据分步乘法计数原理,不同挂法的种数是

$$N＝3\times2＝6.$$

6 种挂法可以表示如下:

左边	右边	得到的挂法
甲	乙	左甲右乙
	丙	左甲右丙
乙	甲	左乙右甲
	丙	左乙右丙
丙	甲	左丙右甲
	乙	左丙右乙

分类加法计数原理和分步乘法计数原理,回答的都是有关做一件事的不同方法的种数问题.区别在于:分类加法计数原理针对的是"分类"问题,其中各种方法相互独立,用其中任何一种方法都可以做完这件事;分步乘法计数原理针对的是"分步"问题,各个步骤中的方法互相依存,只有各个步骤都完成才算做完这件事.

随堂练习 ▶

1. 填空题.

(1) 一项工作可以用 2 种方法完成,有 5 人只会用第 1 种方法完成,另有 4 人只会用第 2 种方法完成,从中选出 1 人来完成这件工作,不同选法的种数是＿＿＿＿＿;

(2) 从 A 村去 B 村的道路有 3 条,从 B 村去 C 村的道路有 2 条,从 A 村经 B 村去 C 村,不同的路线有＿＿＿＿＿条.

2. 现有高一年级的学生 3 名,高二年级的学生 5 名,高三年级的学生 4 名.

(1) 从中选 1 人参加接待外宾的活动,有多少种不同的选法?

(2) 从 3 个年级的学生中各选 1 人参加接待外宾的活动,有多少种不同的选法?

例 5 给程序模块命名,需要用 3 个字符,其中首字符要求用字母 $A\sim G$ 或 $U\sim Z$,后两个要求用数字 $1\sim 9$.问最多可以给多少个程序命名?

分析:要给一个程序模块命名,可以分三个步骤:第 1 步,选首字符;第 2 步,选中间字符;第 3 步,选最后一个字符.而首字符又可以分为两类.

解:先计算首字符的选法.由分类加法计数原理,首字符共有

$$7+6=13$$

种选法.

再计算可能的不同程序名称.由分步乘法计数原理,最多可以有

$$13\times 9\times 9=1053$$

个不同的名称,即最多可以给 1053 个程序命名.

例 6 核糖核酸(RNA)分子是在生物细胞中发现的化学成分.一个 RNA 分子是一个有着数百个甚至数千个位置的长链,长链中每一个位置上都被一种称为碱基的化学成分所占据.总共有 4 种不同的碱基,分别用 A,C,G,U 表示.在一个 RNA 分子中,各种碱

基能够以任意次序出现,所以在任意一个位置上的碱基与其他位置上的碱基无关.假设有一类 RNA 分子由 100 个碱基组成,那么能有多少种不同 RNA 分子?

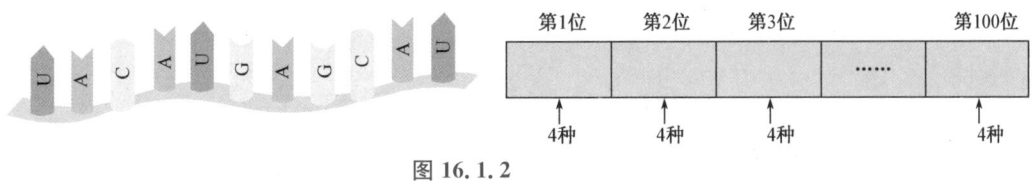

图 16.1.2

分析:用图 16.1.2 来表示由 100 个碱基组成的长链,这时我们共有 100 个位置,每个位置都可以从 A,C,G,U 中任选一个来占据.

解:100 个碱基组成的长链共有 100 个位置,如图 16.1.2 所示.从左到右依次在每一个位置中,从 A,C,G,U 中任选一个填入,每个位置有 4 种填充方法.根据分步乘法计数原理,长度为 100 的所有可能的不同 RNA 分子数目有

$$\underbrace{4 \cdot 4 \cdot \cdots \cdot 4}_{100个4} = 4^{100}(个).$$

> **思考:**你能归纳一下用分类加法计数原理、分步乘法计数原理解决计数问题的方法吗?

用两个计数原理解决计数问题时,最重要的是在开始计算之前要进行仔细分析——需要分类还是需要分步.

分类要做到"不重不漏".分类后再分别对每一类进行计数,最后用分类加法计数原理求和,得到总数.

分步要做到"步骤完整".完成了所有步骤,恰好完成任务,当然步与步之间要相互独立.分步后再计算每一步的方法数,最后根据分步乘法计数原理,把完成每一步的方法数相乘,得到总数.

> **思考:**乘法运算是特定条件下加法运算的简化,分步乘法计数原理和分类加法计数原理也有这种类似的关系吗?

随堂练习

1. 乘积 $(a_1+a_2+a_3)(b_1+b_2+b_3)(c_1+c_2+c_3+c_4+c_5)$ 展开后共有多少项?

2. 某电话局管辖范围内的电话号码由八位数字组成,其中前四位的数字是不变的,后四位数字都是 0 到 9 之间的一个数字,那么这个电话局不同的电话号码最多有多少个?

3. 从 5 名同学中选出正、副组长各 1 名,有多少种不同的选法?

4. 某商场有 6 个门,如果某人从其中的任意一个门进入商场,并且要求从其他的门出去,共有多少种不同的进出商场的方法?

习题 16.1

A 组

1. 一个商店销售某种型号的电视机,其中本地的产品有 4 种,外地的产品有 7 种,要买一台这种型号的电视机,有多少种不同的选法?

2. 如图,从甲地到乙地有 2 条路,从乙地到丁地有 3 条路;从甲地到丙地有 4 条路,从丙地到丁地有 2 条路. 请问从甲地到丁地共有多少条不同的路线?

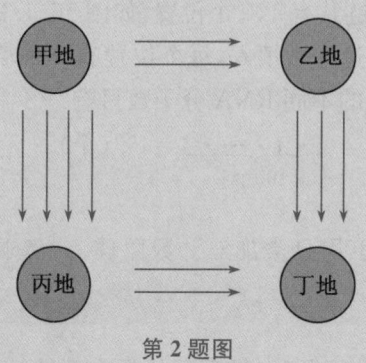

第 2 题图

3. 用 1,5,9,13 中的任意一个数作为分子,4,8,12,16 中任意一个数作为分母,可构成多少个不同的分数? 可构成多少个不同的真分数?

4. 如图,一条电路从 A 处到 B 处接通时,可有多少条不同的线路?

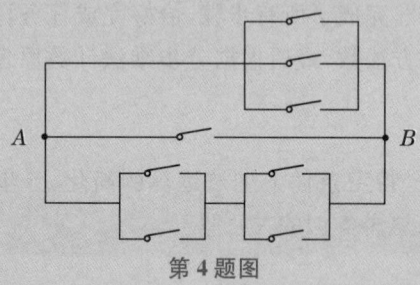

第 4 题图

5. (1) 在平面直角坐标系中,横坐标与纵坐标均在 $A=\{0,1,2,3,4,5\}$ 内取值的不同点共有多少个?

(2) 在平面直角坐标系中,斜率在集合 $B=\{1,3,5,7\}$ 内取值,y 轴上的截距在集合 $C=\{2,4,6,8\}$ 内取值的不同直线共有多少条?

B 组

1. 一种密码锁有 4 个拨号盘,每个拨号盘上有从 0 到 9 共 10 个数字,现最后一个拨号盘出现了故障,只能在 0 到 5 这六个数字中拨号,问这 4 个拨号盘可组成多少个四位数字号码?

　　2.(1)4名同学分别报名参加学校的足球队、篮球队、乒乓球队,每个人限报其中的一个运动队,不同报法的种数是多少?

　　(2)3个班分别从5个风景点中选择一处游览,共有多少种不同的选法?

16.2　排列与组合

16.2.1　排列

　　在使用分步乘法计数原理计算时,有时候可以使用简便方法来避免烦琐的重复计算.为此,我们先来分析这类问题的两个简单例子.

　　问题1　从甲、乙、丙3名同学中选出2名参加一项活动,其中1名同学参加上午的活动,另1名同学参加下午的活动,有多少种不同的选法?

　　我们可以这样来分析这个问题:从甲、乙、丙3名同学中每次选出2名同学,按参加上午活动在前,参加下午活动在后的顺序排列,求一共有多少种不同排法.

　　解决这个问题可分为两步:第1步,确定参加上午活动的同学,从3人中任选1人,有3种选法;第2步,确定参加下午活动的同学,当参加上午活动的同学确定后,参加下午活动的同学只能从余下的2人中选择,因此有2种方法.

　　根据分步乘法计数原理,在3名同学中选出2名,按参加上午活动在前,参加下午活动在后的顺序排列的不同方法共有 $3 \times 2 = 6$ 种,如图16.2.1所示.

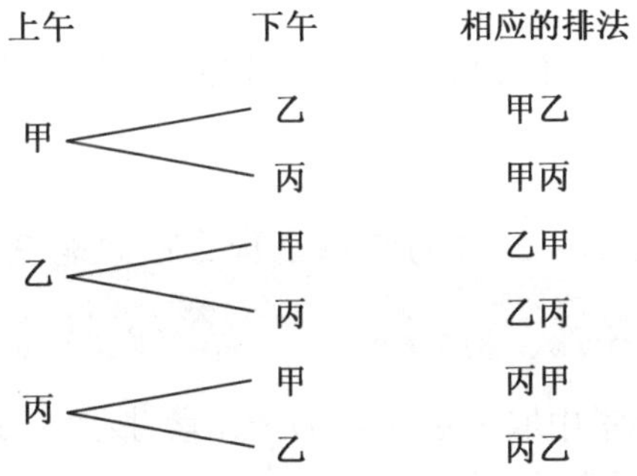

图16.2.1

　　把上面的问题中被取的对象叫作元素,于是问题可以表达为:

　　从3个不同的元素 a, b, c 中任选2个,然后按照一定的顺序排成一列,共有多少种不同的排列方法?

　　问题2　从 $1, 2, 3, 4$ 这4个数字中,每次取出3个组成一个三位数,共可得到多少个不同的三位数?

　　显然,从4个数字中,每次取出3个,按"百""十""个"位的顺序排成一列,就得到一个三位数. 因此有多少种不同的排列方法就有多少不同的三位数. 可以分为三个步骤来解决此问题：

第 1 步，确定百位上的数，在 $1,2,3,4$ 这 4 个数字中任取 1 个，有 4 种方法；

第 2 步，确定十位上的数，当百位上的数确定后，十位上的数只能从余下的 3 个数字中取，有 3 种方法；

第 3 步，确定个位上的数，当百位、十位上的数字确定后，个位的数字只能从余下的 2 个数字中取，有 2 种方法.

根据分步乘法计数原理，从 $1,2,3,4$ 这 4 个不同的数字中，每次取出 3 个数，按照"百""十""个"位的顺序排成一列，共有

$$4 \times 3 \times 2 = 24$$

种不同的方法，如图 16.2.2 所示.

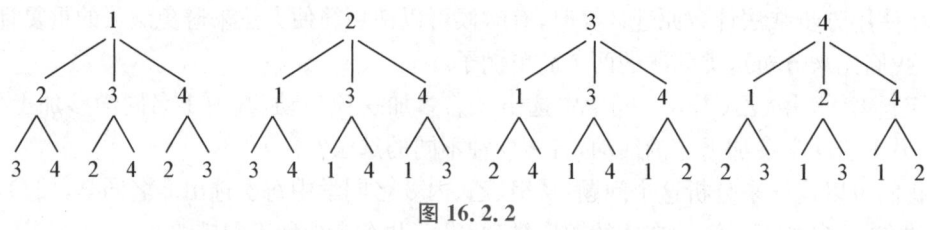

图 16.2.2

由此可写出所有的三位数：

$$123,124,132,134,142,143,$$
$$213,214,231,234,241,243,$$
$$312,314,321,324,341,342,$$
$$412,413,421,423,431,432.$$

同样，问题 2 可以归结为：

从 4 个不同元素 a,b,c,d 中任取 3 个，然后按照一定的顺序排成一列，共有多少种不同的排列方法？

思考：上述问题 $1,2$ 的共同特点是什么？你能将它们推广到一般情形吗？

一般地，从 n 个不同元素中取出 $m(m \leqslant n)$ 个元素，按照一定的顺序排成一列，叫作从 n 个不同元素中取出 m 个元素的一个排列（$arrangement$），所有不同的排列的个数叫作排列数，用 A_n^m 表示.

根据排列的定义，当且仅当两个排列的元素完全相同，且元素的排列顺序也相同时，两个排列相同. 例如，排列 123 与 134 的元素不同，它们是不同的排列；排列 123 与 132 也是不同的排列，因为它们元素的顺序不同.

上面的问题 1，是从 3 个不同元素取出 2 个元素的排列数，即

$$A_3^2 = 3 \times 2 = 6;$$

上面的问题 2，是从 4 个不同元素中取出 3 个元素的排列，即

$$A_4^3 = 4 \times 3 \times 2 = 24.$$

探究：从 n 个不同元素中取出 2 个元素的排列数 A_n^2 是多少？$A_n^m (m \leqslant n)$ 又是多少？

求 A_n^2 可以这样考虑：

假设有排好顺序的两个空位（图 16.2.3），从 n 个元素 $a_1, a_2, \cdots, a_n$ 中任意取 2 个填空，一个空位填一个元素，每一种填法就得到一个排列；反过来，任意一个排列总可以由这样一种填法得到．因此，所有不同填法的种数就是排列数 A_n^2．

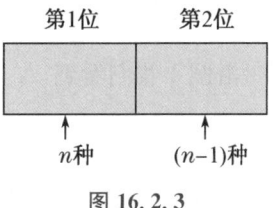

图 16.2.3

现在我们计算有多少种方法．完成填空这件事可分为两步：

第 1 步，填第 1 个位置的元素，可以从 n 个元素中任选 1 个，有 n 种方法；

第 2 步，填第 2 个位置的元素，可以从剩下的 $(n-1)$ 个元素中任选 1 个，有 $(n-1)$ 种方法．

根据分步乘法计数原理，2 个空位的填法种数为

$$A_n^2 = n(n-1).$$

同理，求排列 A_n^3 可以按照依次填 3 个空位来考虑，有

$$A_n^3 = n(n-1)(n-2).$$

一般地，求排列 A_n^m 可以按照依次填 m 个空位来考虑，如图 16.2.4 所示，根据分步乘法计数原理，全部填满 m 个空位共有

$$A_n^m = n(n-1)(n-2)\cdots(n-m+1),$$

这个公式叫作排列数公式．

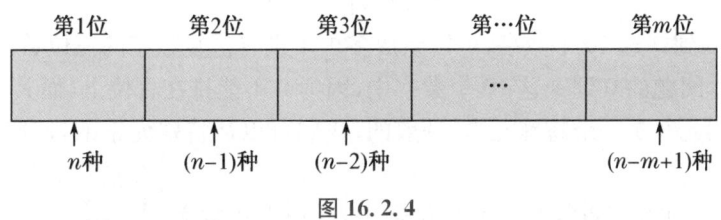

图 16.2.4

根据排列数公式，我们就能方便地计算出从 n 个不同元素中取出 $m (m \leqslant n)$ 个元素的所有排列的个数．例如

$$A_5^2 = 5 \times 4,$$
$$A_8^3 = 8 \times 7 \times 6 = 336.$$

n 个不同元素全部取出的一个排列，叫作 n 个元素的一个全排列．这时公式中 $m = n$，即

$$A_n^n = n(n-1)(n-2)\cdots 3 \cdot 2 \cdot 1,$$

也就是说 n 个不同元素全部取出的排列数，等于正整数 1 到 n 的连乘积．正整数 1 到 n 的

连乘积，叫作 n 的阶乘，用 $n!$ 表示．所以 n 个不同元素的全排列也可以写成

$$A_n^n = n!.$$

另外，我们规定 $0! = 1$．

例1 计算：(1) A_{10}^4；(2) $A_{10}^{10} \div A_6^6$．

(1) $A_{10}^4 = 10 \times 9 \times 8 \times 7 = 5040$；

(2) $A_{10}^{10} \div A_6^6 = \dfrac{10 \times 9 \times 8 \times 7 \times 6 \times 5 \times 4 \times 3 \times 2 \times 1}{6 \times 5 \times 4 \times 3 \times 2 \times 1} = 10 \times 9 \times 8 \times 7 = 5040$．

由例1我们看到，$A_{10}^4 = A_{10}^{10} \div A_6^6$．那么，这个结果有没有一般性呢？即

$$A_n^m = \frac{A_n^n}{A_{n-m}^{n-m}} = \frac{n!}{(n-m)!}$$

是否成立？

事实上，

$$A_n^m = n(n-1)(n-2)\cdots(n-m+1)$$
$$= \frac{n(n-1)(n-2)\cdots(n-m+1)(n-m)\cdots 2 \cdot 1}{(n-m)\cdots 2 \cdot 1}$$
$$= \frac{n!}{(n-m)!} = \frac{A_n^n}{A_{n-m}^{n-m}}.$$

因此，排列数公式还可以写成

$$A_n^m = \frac{A_n^n}{A_{n-m}^{n-m}}.$$

例2 某年全国足球甲级（A组）联赛共有 14 个队参加，每队要与其余各队在主、客场分别比赛一次，共进行多少场比赛？

解：任意两队间进行 1 次主场比赛与 1 次客场比赛，对应从 14 个元素中任取 2 个元素的一个排列．因此，比赛的总场次是

$$A_{14}^2 = 14 \times 13 = 182.$$

例3 用 0 到 9 这 10 个数字，可以组成多少个没有重复数字的三位数？

分析：在本问题的 0 到 9 这 10 个数字中，因为 0 不能排在百位上，而其他数可以排在任意位置上，因此 0 是一个特殊元素．一般的，我们可以从特殊元素的排列位置入手来考虑问题．

解法1：由于在没有重复数字的三位数中，百位上的数字不能是 0，因此可以分两步完成排列．第 1 步，排百位上的数字，可以从 1 到 9 这九个数字中任选 1 个，有 A_9^1 种选法；第 2 步，排十位和个位上的数字，可以从余下的 9 个数字中任选 2 个，有 A_9^2 种选法（图 16.2.5）．根据分步乘法计数原理，所求的三位数有

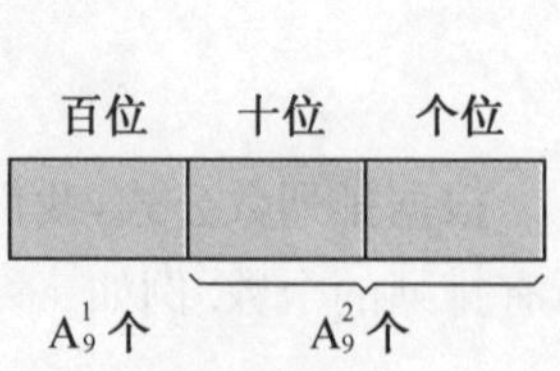

图 16.2.5

$$A_9^1 \cdot A_9^2 = 9 \times 9 \times 8 = 648（个）.$$

解法2：如图 16.2.6 所示，符合条件的三位数可分成 3 类．每一位数字都不是 0 的三位数有 A_9^3 个，个位数字是 0 的三位数有 A_9^2 个，十位数字是 0 的三位数有 A_9^2 个．根据分类加法计数原理，符合条件的三位数有

$$A_9^3 + A_9^2 + A_9^2 = 648(个).$$

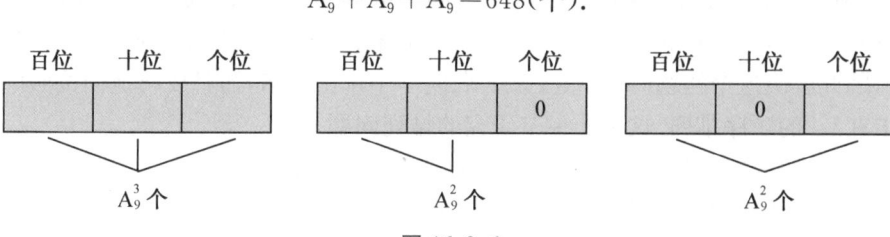

图 16.2.6

解法 3：从 0 到 9 这 10 个数字中任取 3 个数字的排列数为 A_{10}^3，其中 0 在百位上的排列数是 A_9^2，它们的差就是用这 10 个数字组成的没有重复数字的三位数的个数，即所求的三位数的个数是

$$A_{10}^3 - A_9^2 = 10 \times 9 \times 8 - 9 \times 8 = 648.$$

对于例 3 这类计数问题，可用适当的方法将问题分解，思考的角度不同，解题方法也会不同.

引进排列的概念，以及推导求排列的公式，可以更加简便、快捷地求出"从 n 个不同元素中取出 $m(m \leqslant n)$ 个元素的所有排列的个数"这类特殊的计算问题.

随堂练习

1. 填空.

(1) 从 4 个不同元素中任取 2 个元素的所有排列 _____.

(2) 从 5 个不同元素中任取 2 个元素的所有排列 _____.

2. 计算.

(1) A_{15}^2；(2) A_7^7.

3. 求证.

(1) $A_n^m = nA_{n-1}^{m-1}$；(2) $A_8^8 - 8A_7^7 + 7A_6^6 = A_7^7$.

4. 从参加乒乓球团体比赛的 5 名运动员中选出 3 名，并按照排定的顺序出场比赛，有多少种不同的方法？

5. 从 4 种蔬菜品种中选出 3 种，分别种植在不同土质的 3 块土地上进行实验，有多少种不同的种植方法？

16.2.2　组合

> **探究**：从甲、乙、丙 3 名同学中选出 2 名去参加一项活动，有多少种不同的选法？这一问题与上一节提出的问题 1 有什么联系与区别？

从 3 名同学中选出 2 名的可能选法可以列举如下：

甲、乙；甲、丙；乙、丙.

上一节开头的问题1："从甲、乙、丙3名同学中选出2名去参加一项活动,其中1名参加上午的活动,1名参加下午活动". 由于"甲上午、乙下午"与"乙上午、甲下午"是不同的选法,因此解决这个问题时,不仅要从3名同学中选出2名,而且要将他们按照"上午在前,下午在后"的顺序排列. 这是上一节研究的排列问题.

本节要研究的问题只是从3名同学中选出2名去参加一项活动,而不需要排列他们的顺序. 舍去具体问题的背景,我们可以把它抽象概括为:

从3个不同的元素中取出2个合成一组,一共有多少个不同的组? 这是我们接着要研究的问题.

一般地,从 n 个不同元素中取出 $m(m \leqslant n)$ 个元素合成一组,叫作从 n 个不同元素中取出 m 个元素的一个组合(combination).

思考:你能说说排列与组合之间的联系与区别吗?

从排列与组合的定义可知,两者都是从 n 个不同元素中取出 $m(m \leqslant n)$ 个元素,这是排列、组合的共同点;它们的不同点是,排列与元素的顺序有关,组合与元素的顺序无关. 只有元素相同且顺序也相同的两个排列才是相同的;只要两个组合的元素相同,不论元素的顺序如何,都是相同的组合. 例如,ab 与 ba 是两个不同的排列,但它们却是同一个组合.

类比排列问题,我们引入如下该概念:

从 n 个不同的元素中取出 $m(m \leqslant n)$ 个元素的所有不同的组合的个数,叫作从 n 个不同元素中取出 m 个元素的组合数,用符合 C_n^m 表示,也可以用符号 $\binom{m}{n}$ 表示.

例如,从8个不同元素中取出5个元素的组合数表示为 C_8^5,从7个不同元素中取出6个元素的组合数表示为 C_7^6.

那么一般地,C_n^m 的值等于多少呢? 我们先看几个具体问题.

上面,从3名同学中选出2名参加一项活动,共有3种不同的选法,即

$$C_3^2 = 3.$$

那么,从集合 $\{a, b, c, d\}$ 中选出3个元素组成三元子集,共有多少不同的子集?

由于集合中元素的无序性,因此问题的本质是:

从 a, b, c, d 这4个元素中取出3个不同元素的组合数是多少?

为了回答这个问题,我们可以利用属性图(图16.2.7). 由此可以写出所有的组合:

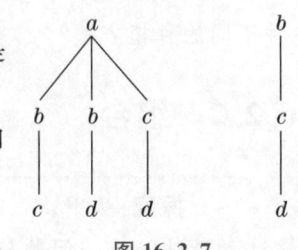

图 16.2.7

$$abc, abd, acd, bcd.$$

即

$$C_4^3 = 4.$$

> **探究**：前面已经提到，组合与排列有相互联系．我们能否利用这种联系，通过排列数 A_n^m 来求出组合数 C_n^m 呢？

下面我们还是先分析一下从 a,b,c,d 这 4 个元素中取 3 个元素的排列与组合的关系．从"元素相同顺序不同的两个组合相同"，以及"元素相同顺序不同的两个排列不同"得到启发，我们以"元素相同"为标准将排列分类，并建立起排列与组合之间的如下对应关系：

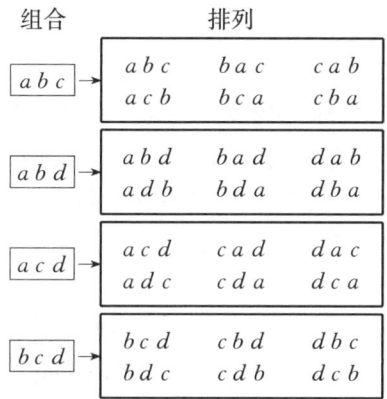

因此，以"元素相同"为标准，可以把这 24 个排列分成每组 6 个不同排列的 4 个组．把上述结果用一种能够使人看得出其来历的方式表述是非常有好处的：

$$C_4^3 = 4 = \frac{24}{6} = \frac{4 \times 3 \times 2}{3 \times 2 \times 1} = \frac{A_4^3}{A_3^3},$$

于是，我们有

$$A_4^3 = C_4^3 \times A_3^3.$$

这个等式有什么实际意义呢？显然，左边就是"从 4 个不同的元素中取出 3 个元素的排列数"．右边的两个数相乘，使我们联想到分步乘法计数原理，于是可以将它解释为：

求从 4 个不同元素中取出 3 个元素的排列数 A_4^3 可以分两步完成．第 1 步，求从 4 个不同元素中取出 3 个元素的组合数 C_4^3（不考虑顺序）；第 2 步，将每一个组合中的 3 个不同元素做全排列，各有 A_3^3 个排列数．

上述解释推广到一般情形，就是从 n 个不同元素中取出 m 个元素的排列数，可以看作由以下两个步骤得到：

第 1 步，从这 n 个不同元素中取出 m 个元素，共有 C_n^m 种不同的取法；

第 2 步，将取出的 m 个元素做全排列，共有 A_m^m 种不同的排法．

根据分步乘法计数原理，有

$$A_n^m = C_n^m \times A_m^m.$$

因此

$$C_n^m = \frac{A_n^m}{A_m^m} = \frac{n(n-1)(n-2) \cdots (n-m+1)}{m!}.$$

这里 $n, m \in \mathbf{N}^*$，并且 $m \leqslant n$，这个公式叫作组合数公式.

因为

$$A_n^m = \frac{n!}{(n-m)!}$$

所以，上面的组合数公式还可以写成

$$C_n^m = \frac{n!}{m!\ (n-m)!}$$

另外，我们规定 $C_n^0 = 1$.

例 4 计算 C_7^3.

解：$C_7^3 = \dfrac{7!}{3!\ (7-3)!} = \dfrac{7!}{3!\ 4!} = \dfrac{5 \times 6 \times 7}{3 \times 2 \times 1} = 35$.

例 5 一位教练的足球队共有 17 名初级学员，他们中以前没有一人参加过比赛，按照足球比赛规则，比赛时一个足球队的上场队员是 11 人. 问：

(1) 这位教练从这 17 名学员中可以形成多少种学员上场方案？

(2) 如果在选出 11 名上场队员时，还要确定其中的守门员，那么教练员有多少种方式做这件事情？

分析：对于(1)根据题意，17 名学员没有角色差别，地位完全一样，因此这是一个从 17 不同元素中选出 11 个元素的组合问题；对于(2)，守门员的位置是特殊的，其余上场学员的地位没有差异，因此这是一个分步完成的组合问题.

解：(1) 由于上场学员没有角色差异，所以可以形成的学员上场方案有

$$C_{17}^{11} = 12376（种）.$$

(2) 教练员可以分两步完成这件事情：

第一步，从 17 名学员中选出 11 人组成上场小组，共有 C_{17}^{11} 种选法；

第二步，从选出的 11 人中选出 1 名守门员，共有 C_{11}^1 种选法.

所以教练员做这件事情的方法数有

$$C_{17}^{11} \times C_{11}^1 = 136136（种）.$$

> **探究**：对于例 2 中的(2)，你还能想到别的解决方法吗？

例 6 (1) 平面内有 10 个点，以其中每 2 个点为端点的线段共有多少条？

(2) 平面内有 10 个点，以其中每 2 个点为端点的有向线段共有多少条？

解：(1) 以平面内 10 个点中每 2 个点为端点的线段的条数，就是从 10 个不同的元素中取出 2 个元素的组合数，即线段共有

$$C_{10}^2 = \frac{10 \times 9}{1 \times 2} = 45（条）.$$

(2) 由于有向线段的两个端点中一个是起点、另一个是终点，以平面内 10 个点中每 2 个点为端点的有向线段的条数，就是从 10 个不同元素中取出 2 个元素的排列数，即有向线段共有

$$A_{10}^2 = 10 \times 9 = 90（条）.$$

例7 在 100 件产品中,有 98 件合格品,2 件次品. 从这 100 件产品中任意抽取 3 件.

(1) 有多少种不同的抽法?

(2) 抽出的 3 件中恰好有 1 件是次品的抽法有多少种?

(3) 抽出的 3 件中至少有 1 件是次品的抽法有多少种?

解:(1) 所求的不同抽法的种数,就是从 100 件产品中取出 3 件的组合数,所以共有

$$C_{100}^3 = \frac{100 \times 99 \times 98}{3 \times 2 \times 1} = 161700(\text{种}).$$

(2) 从 2 件次品中抽出 1 件次品的抽法有 C_2^1 种,从 98 件合格品中抽出 2 件合格产品的抽法有 C_{98}^2 种,因此抽出的 3 件中恰好有 1 件次品的抽法有

$$C_2^1 \cdot C_{98}^2 = 9506(\text{种}).$$

(3) 抽出的 3 件产品中至少有 1 件是次品的抽法的种数,也就是从 100 件中抽出 3 件的抽法种数减去 3 件中都是合格品的抽法数的种数,即

$$C_{100}^3 - C_{98}^3 = 161700 - 152096 = 9604(\text{种}).$$

> **探究**:对于例 4 中的(3),你还能想到别的解决方法吗?

随堂练习

1. 已知平面内 A,B,C,D 这 4 个点中任何 3 个点都不在一条直线上,写出以其中 3 个点为顶点的所有三角形.

2. 学校开设了 6 门任意选修课,要求每个学生从中选学 3 门,共有多少种不同选法?

3. 从 3,5,7,11 这四个质数中任意取两个相乘,可以得到多少个不相等的积?

4. 求证 $C_n^m = \frac{m+1}{n+1} C_{n-1}^{m-1}$.

探究与发现

组合数的两个性质

> **探究**:计算下列各组组合数的值,你发现了什么?你能解释你的发现吗?
>
> $$C_{12}^4 \ 与 \ C_{12}^8;\ C_{18}^3 \ 与 \ C_{18}^{15};\ C_{10}^7 \ 与 \ C_{10}^3;\ \cdots$$

不难发现,各组的两个组合数都相等,而且两个组合数的上标之和等于下标,如 $4+8=12,3+15=18,7+3=10,\cdots$

如何解释上述结果呢?

"等式的两边是对同一个问题的两个等价解释"启发我们，如果把 C_{12}^4 解释为"从 12 名学生中选出 4 人参加某项活动的选法种数"，那么 C_{12}^8 可以解释为"让 12 名学生中留下 8 人不参加活动的选法种数". 由于留下 8 人后其余 4 人就是参加活动的，所以不参加活动的人员选法种数 C_{12}^8 就等于参加活动的人员选法种数 C_{12}^4，即有

$$C_{12}^4 = C_{12}^8.$$

一般地，从 n 个不同元素中取出 m 个元素后，必然剩下 $n-m$ 个元素，因此 n 个不同元素中取出 m 个元素的组合，与剩下的 $n-m$ 个元素的组合一一对应. 这样，从 n 个不同元素中取出 m 个元素的组合数，等于从这 n 个不同元素中取出 $n-m$ 个元素的组合数. 于是我们有

性质 1 $\qquad\qquad C_n^m = C_n^{n-m}.$

由于 $C_n^0 = 1$，因此上面的等式在 $m = n$ 时也成立.

在推导性质 1 时，我们运用了证明组合等式的一个常用而重要的方法，即通过阐明等号两边的不同表达式实际上是对同一个组合问题的两个不同的计数方案，从而达到证明的目的.

> **探究**：你能根据上述思想方法，利用分类加法计数原理，证明下列组合数的性质吗？

性质 2 $\quad C_{n+1}^m = C_n^m + C_n^{m-1}.$

习题 16.2

A 组

1. 计算.

(1) $5A_5^3 + 4A_4^2$
(2) $A_4^1 + A_4^2 + A_4^3 + A_4^4$

(3) C_{15}^3
(4) C_{20}^{18}

2. 求证.

(1) $A_{n+1}^{n+1} - A_n^n = n^2 A_{n-1}^{n-1}$

(2) $\dfrac{(n+1)!}{k!} - \dfrac{n!}{(k-1)!} = \dfrac{(n-k+1)! \, n!}{k!} \ (k \leqslant n)$

3. 一个火车站有 8 股岔道，停放 4 列不同的火车，有多少种不同的停放方法（假定每股道只能停放 1 列火车）？

4. 一部纪录片在 4 个单位轮映，每一单位放映 1 场，有多少种轮映次序？

5. 一个学生有 20 本不同的书. 所有这些书能够以多少种不同的方式排在一个单层的书架上？

6. 学校要安排一场文艺晚会的 11 个节目的演出顺序.除第 1 个节目和最后一个节目已确定外,4 个音乐节目要求排在第 2,5,7,10 的位置,3 个舞蹈节目要求排在第 3,6,9 的位置,2 个曲艺节目要求排在第 4,8 的位置,求共有多少种不同的排法?

7. 圆上有 10 个点:

(1) 过每 2 个点画一条弦,一共可以画多少条弦?

(2) 过每 3 个点画一个圆内接三角形,一共可以画多少个圆内接三角形?

8. (1) 凸五边形有多少条对角线?

(2) 凸 n 边形有多少条对角线?

9. 1 元、2 元、5 元、10 元的人民币各 1 张,一共可以组成多少种币值?

10. (1) 空间有 8 个点,其中任何 4 个点不共面,过每 3 个点作一个平面,一共可以作多少个平面?

(2) 空间有 10 个点,其中任何 4 个不共面,以每 4 个点为顶点作一个四面体,一共可以作多少个四面体?

11. 从 5 名男生和 4 名女生中选出 4 人去参加辩论赛:

(1) 如果 4 人中男生与女生各选 2 人,有多少种选法?

(2) 如果男生中的甲与女生中的乙必须在内,有多少种选法?

(3) 如果男生中的甲与女生中的乙至少要有 1 人在内,有多少种选法?

(4) 如果 4 人中必须既有男生又有女生,有多少种选法?

12. 在 200 件产品中,有 2 件次品,从中任取 5 件:

(1) 其中恰有 2 件次品的抽法有多少种?

(2) 其中恰有 1 件次品的抽法有多少种?

(3) 其中没有次品的抽法有多少种?

(4) 其中至少有 1 件次品的抽法有多少种?

B 组

1. 根据某个福利彩票方案,在 1 至 37 这 37 个数字中,选取 7 个数字,如果选出的 7 个数字与开出的 7 个数字一样(不管排列顺序)即得一等奖.问多少注彩票可有一个一等奖?如果要将一等奖的机会提高到 $\frac{1}{6000000}$ 以上且不超过 $\frac{1}{500000}$,可在 37 个数中取几个数?

2. 现有五种不同的颜色要对如图中的四个部分进行着色,要求有公共边的两块不能同一种颜色,问共有几种不同的着色方法?

3. 从 1,3,5,7,9 中任取 3 个数字,从 2,4,6,8 中任取 2 个数字,一共可以组成多少个没有重复数字的五位数?

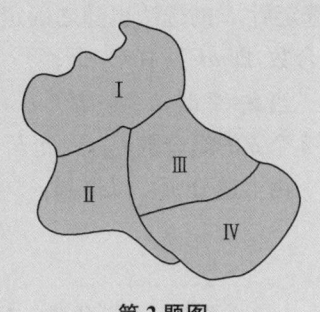

第 2 题图

4. 甲、乙、丙、丁和戊 5 名学生进行劳动技术比赛，决出第 1 名到第 5 名的名次. 甲、乙两名参赛者去询问成绩，回答者对甲说，"很遗憾，你和乙都没有得到冠军"；对乙说"你当然不会是最差的". 从这个回答分析，5 人的名次排列可能有多少种不同情况？

16.3 二项式定理

16.3.1 二项式定理

二项式定理研究的是 $(a+b)^n$ 的展开式. 那么，$(a+b)^n$ 的展开式是什么呢？我们在计数原理这一章来学习它，说明它的展开式与分类加法计数原理、分步乘法计数原理以及排列、组合的知识有关. 那么，如何把二项展开式与这些知识联系起来呢？

> **探究**：如何利用两个计数原理得到 $(a+b)^2$，$(a+b)^3$，$(a+b)^4$ 的展开式？你能由此猜想一下 $(a+b)^n$ 的展开式是什么吗？

在初中时，我们用多项式乘法法则得到了 $(a+b)^2$ 的展开式：

$$(a+b)^2 = (a+b)(a+b)$$
$$= a \cdot a + a \cdot b + b \cdot a + b \cdot b$$
$$= a^2 + 2ab + b^2.$$

从上述过程可以看到，$(a+b)^2$ 是 2 个 $(a+b)$ 相乘，根据多项式乘法法则，每个 $(a+b)$ 在相乘时有两种选择，选 a 或选 b，而且每个 $(a+b)$ 中的 a 或 b 都选定后，才能得到展开式的一项. 于是，由分步乘法计数原理，在合并同类项之前，$(a+b)^2$ 的展开式共有 $2 \times 2 = 2^2$ 项，而且每一项都是 $a^{2-k} \cdot b^k (k=0,1,2)$ 的形式.

下面我们再来分析一下形如 $a^{2-k} \cdot b^k$ 的同类项的个数.

当 $k=0$ 时，$a^{2-k} \cdot b^k = a^2$，是由 2 个 $(a+b)$ 中都不选 b 得到的，相当于从 2 个 $(a+b)$ 中选取 0 个 b（即都取 a）的组合数 C_2^0，因此 a^2 只有 1 个；

当 $k=1$ 时，$a^{2-k} \cdot b^k = ab$，是由 1 个 $(a+b)$ 中选 a，另一个 $(a+b)$ 中选 b 得到的. 由于 b 选定后，a 的选法也随之确定，因此，ab 出现的次数相当于从 2 个 $(a+b)$ 中取出 1 个 b 的组合数，即 ab 共有 C_2^1 个；

当 $k=2$ 时，$a^{2-k} \cdot b^k = b^2$，是由 2 个 $(a+b)$ 中都选 b 得到的，相当于从 2 个 $(a+b)$ 中取 2 个 b 的组合数 C_2^2，因此 b^2 只有 1 个.

由上述分析可以得到：

$$(a+b)^2 = C_2^0 a^2 + C_2^1 ab + C_2^2 b^2.$$

> **探究**：你能仿照上述过程，自己推导出 $(a+b)^3$，$(a+b)^4$ 的展开式吗？

从上述对具体问题的分析得到启发,对于任意正整数 n,我们有如下猜想:

$$(a+b)^n = C_n^0 a^n + C_n^1 a^{n-1}b^1 + \cdots + C_n^k a^{n-k}b^k + \cdots + C_n^n b^n \,(n \in \mathbf{N}^*)$$

如何证明这个猜想呢?

证明:由于 $(a+b)^n$ 是 n 个 $(a+b)$ 相乘,每个 $(a+b)$ 在相乘时有两种选择,选 a 或 b,而且每个 $(a+b)$ 中的 a 或 b 都选定后,才能得到展开式的一项,因此,由分步乘法计数原理可知,在合并同类项之前,$(a+b)^n$ 的展开式共有 2^n 项,其中每一项都是 $a^{n-k} \cdot b^k \,(k=0,1,\cdots,n)$ 的形式.

对于某个 $k,k \in \{0,1,2,\cdots,n\}$,对应的项 $a^{n-k}b^k$ 是由 $n-k$ 个 $(a+b)$ 中选 a,k 个 $(a+b)$ 中选 b 得到的. 由于 b 选定后,a 的选法也随之确定,因此 $a^{n-k}b^k$ 出现的次数相当于从 n 个 $(a+b)$ 中取 k 个 b 的组合数 C_n^k. 这样,$(a+b)^n$ 的展开式中,$a^{n-k}b^k$ 共有 C_n^k 个,将它们合并同类项,就可以得到二项展开式:

$$(a+b)^n = C_n^0 a^n + C_n^1 a^{n-1}b^1 + \cdots + C_n^k a^{n-k}b^k + \cdots + C_n^n b^n.$$

上述公式叫作二项式定理(binomial theorem).

我们看到 $(a+b)^n$ 的二项展开式共有 $n+1$ 项,其中各项的系数 $C_n^k \,(k \in \{0,1,2,\cdots,n\})$ 叫作二项式系数(binomial coefficient),式子中的 $C_n^k a^{n-k}b^k$ 叫作二项展开式的通项,用 T_{k+1} 表示,即通项为展开式的第 $k+1$ 项:

$$T_{k+1} = C_n^k a^{n-k}b^k.$$

在二项式定理中,如果设 $a=1,b=x$,则得到公式:

$$(1+x)^n = C_n^0 + C_n^1 x^1 + \cdots + C_n^k x^k + \cdots + C_n^n x^n.$$

例 1 求 $(2\sqrt{x} - \dfrac{1}{\sqrt{x}})^6$ 的展开式.

分析:为了方便,可以先化简后展开.

解:先将原式化简,再展开,得

$$(2\sqrt{x} - \frac{1}{\sqrt{x}})^6 = \left(\frac{2x-1}{\sqrt{x}}\right)^6 = \frac{1}{x^3}(2x-1)^6$$

$$= \frac{1}{x^3}\left[(2x)^6 - C_6^1 (2x)^5 + C_6^2 (2x)^4 - C_6^3 (2x)^3 + C_6^4 (2x)^2 - C_6^5 (2x)^1 + C_6^6\right]$$

$$= \frac{1}{x^3}(64x^6 - 6 \cdot 32x^5 + 15 \cdot 16x^4 - 20 \cdot 8x^3 + 15 \cdot 4x^2 - 6 \cdot 2x + 1)$$

$$= 64x^3 - 192x^2 + 240x - 160 + \frac{60}{x} - \frac{12}{x^2} + \frac{1}{x^3}.$$

例 2 (1) 求 $(1+2x)^7$ 的展开式的第 4 项的系数.

(2) 求 $\left(x - \dfrac{1}{x}\right)^9$ 的展开式中 x^3 的系数.

解:(1) $(1+2x)^7$ 的展开式的第 4 项是

$$T_{3+1} = C_7^3 \cdot 1^{7-3} \cdot (2x)^3 = C_7^3 \cdot 2^3 \cdot x^3 = 35 \cdot 8x^3 = 280x^3,$$

所以展开式第 4 项的系数是 280.

(2) $\left(x - \dfrac{1}{x}\right)^9$ 的展开式的通项是

$$C_9^r x^{9-r}\left(-\frac{1}{x}\right)^r=(-1)^r C_9^r x^{9-2r}.$$

根据题意,得

$$9-2r=3,$$
$$r=3.$$

因此,x^3 的系数是

$$(-1)^3 C_9^3 = -84.$$

随堂练习 ▶

1. 写出 $(p+q)^7$ 的展开式.

2. 求 $(2a+3b)^6$ 的展开式的第 3 项.

3. 写出 $\left(\sqrt[3]{x}-\dfrac{1}{2\sqrt[3]{x}}\right)^n$ 的展开式的第 $r+1$ 项.

4. $(x-1)^6$ 的展开式的第 6 项的系数是 _____.

16.3.2 "杨辉三角"与二项式系数的性质

探究:计算 $(a+b)^n$ 展开式的二项式系数并填入下表.

n	$(a+b)^n$ 展开式的二项式系数					
1						
2						
3						
4						
5						
6						

从上表可以发现,每一行中的系数具有对称性.除此以外还有什么规律呢? 为了方便,可将上表写成如下形式:

$(a+b)^1$ ·······························1　　1

$(a+b)^2$ ···························1　　2　　1

$(a+b)^3$ ·····················1　　3　　3　　1

$(a+b)^4$ ·················1　　4　　6　　4　　1

$(a+b)^5$ ···········1　　5　　10　　10　　4　　1

$(a+b)^6$ ··········1　　6　　15　　20　　15　　6　　1

探究：你能借助上面的表示形式发现一些新的规律吗？

上表中蕴含这许多规律，例如：

在同一行中，每行两端都是 1，与这两个 1 等距离的项的系数相等；

在相邻的两行中，除 1 以外的每一个数都等于它"肩上"两个数的和. 事实上，设表中任意不为 1 的数为 C_{n+1}^{r}，那么它肩上的两个数分别为 C_n^{r-1} 及 C_n^r，容易证明：

$$C_{n+1}^{r} = C_n^{r-1} + C_n^r.$$

值得指出的是，这个表在我国南宋数学家杨辉在 1261 年所著的《详解九章算法》一书中就出现了，所不同的只是这里的表用阿拉伯数字表示，在这本书里记载的是用汉字表示的形式（图 16.3.1），它被称为杨辉三角. 在欧洲，这个表被认为是法国数学家帕斯卡 (Blaise Pascal，1623～1662) 首先发现的，他们把这个表叫作帕斯卡三角. 事实上杨辉三角的发现要比欧洲早五百年左右，由此可见我国古代数学的成就是非常值得中华民族自豪的.

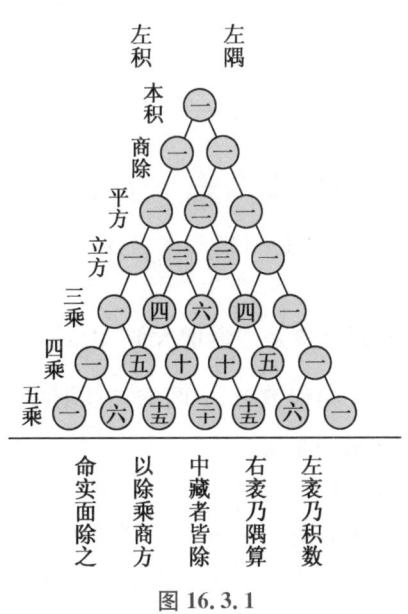

图 16.3.1

对于 $(a+b)^n$ 展开式的二项式系数

$$C_n^0, C_n^1, C_n^2, \cdots, C_n^n,$$

我们还可以从函数角度来分析他它们. 可以看成是以 r 为自变量的函数 $f(r)$，其定义域是

$$\{0, 1, 2, \cdots, n\},$$

对于确定的 n，我们还可以画出它的图像. 例如，当 $n=6$ 时，其图像是 7 个孤立点（图 16.3.2）.

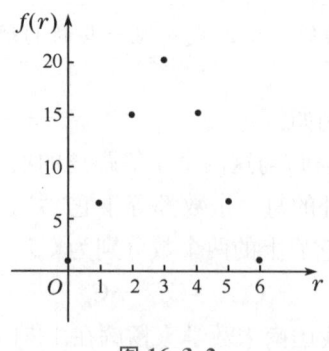

图 16.3.2

下面结合"杨辉三角"和图 16.3.2 来研究二项式系数的一些性质.

(1) 对称性. 与首末两端"等距离"的两个二项式系数相等. 事实上, 这一性质可直接由公式 $C_n^m = C_n^{n-m}$ 得到.

直线 $r = \dfrac{n}{2}$ 将函数 $f(r)$ 的图像分成对称的两部分, 它是图像的对称轴.

(2) 增减性与最大值. 因为

$$C_n^k = \frac{n(n-1)(n-2)\cdots(n-k+1)}{(k-1)!\ k} = C_n^{k-1}\ \frac{(n-k+1)}{k},$$

所以 C_n^k 相对于 C_n^{k-1} 的增减情况由 $\dfrac{(n-k+1)}{k}$ 决定. 由

$$\frac{(n-k+1)}{k} > 1 \Leftrightarrow k < \frac{n+1}{2}$$

可知, 当 $k < \dfrac{n+1}{2}$ 时, 二项式系数是逐渐增大的. 由对称性知它的后半部分是逐渐减小的, 且在中间取得最大值. 当 n 是偶数时, 中间的一项取得最大值; 当 n 是奇数时, 中间的两项 $C_n^{\frac{n-1}{2}}$, $C_n^{\frac{n+1}{2}}$ 相等, 且同时取得最大值.

(3) 各二项式系数的和. 已知

$$(1+x)^n = C_n^0 + C_n^1 x^1 + \cdots + C_n^k x^k + \cdots + C_n^n x^n$$

令 $x = 1$, 则

$$2^n = C_n^0 + C_n^1 + \cdots + C_n^k + \cdots + C_n^n.$$

这就是说, $(a+b)^n$ 的展开式的各个二项式系数的和等于 2^n.

利用这些性质可以解决许多问题. 例如, 利用"杨辉三角"中除 1 以外的每一个数都等于它肩上两个数的和这一性质, 可以根据相应于 n 的各二项式系数写出相应于 $n+1$ 的各二项式系数. 如根据"杨辉三角"中相应于 $n=6$ 的各二项式系数, 可写出相应于 $n=7$ 的各二项式系数

$$1\quad 7\quad 21\quad 35\quad 21\quad 7\quad 1$$

这样, 就可以将二项式系数表延伸下去, 从而可根据这个表来求二项式系数.

例 3 试证: 在 $(a+b)^n$ 的展开式中, 奇数项的二项式系数的和等于偶数项的二项式系数的和.

分析:奇数项的二项式系数的和为

$$C_n^0+C_n^2+C_n^4+\cdots,$$

偶数项的二项式系数的和为

$$C_n^1+C_n^3+C_n^5+\cdots,$$

由于

$$(a+b)^n=C_n^0a^n+C_n^1a^{n-1}b^1+\cdots+C_n^ka^{n-k}b^k+\cdots+C_n^nb^n$$

中,令 $a=1,b=-1$,则得

$$(1-1)^n=C_n^0-C_n^1+C_n^2-C_n^3+\cdots+(-1)C_n^n,$$

即

$$0=(C_n^0+C_n^2+\cdots)-(C_n^1+C_n^3+\cdots),$$

所以

$$C_n^0+C_n^2+\cdots=C_n^1+C_n^3+\cdots,$$

即在 $(a+b)^n$ 的展开式中,奇数项的二项式系数的和等于偶数项的二项式系数的和.

实际上,联想到

$$(1+x)^n=C_n^0+C_n^1x^1+\cdots+C_n^kx^k+\cdots+C_n^nx^n,$$

把它看成是关于 x 的函数,即

$$f(x)=(1+x)^n=C_n^0+C_n^1x^1+\cdots+C_n^kx^k+\cdots+C_n^nx^n,$$

那么 $f(-1)=0$,由此很容易得到要证明的结果.

随堂练习

1. 填空.

(1) $(a+b)^n$ 的各二项式系数的最大值是_____.

(2) $C_{11}^1+C_{11}^3+\cdots+C_{11}^{11}=$_____.

(3) $\dfrac{C_n^0+C_n^1+C_n^2+\cdots+C_n^n}{C_{n+1}^0+C_{n+1}^1+C_{n+1}^2+\cdots+C_{n+1}^{n+1}}=$_____.

2. 证明 $C_n^0+C_n^2+C_n^4+\cdots+C_n^n=2^{n-1}$($n$ 是偶数).

3. 写出 n 从 1 到 10 的二项式系数表.

习题 16.3

A 组

1. (1) 已知 $0<p<1$,写出 $[p+(1-p)]^n$ 的展开式.

(2) 写出 $\left(\dfrac{1}{2}+\dfrac{1}{2}\right)^n$ 的展开式.

2. 用二项式定理展开.

(1) $(a+\sqrt[3]{b})^9$

(2) $\left(\dfrac{\sqrt{x}}{2}-\dfrac{2}{\sqrt{x}}\right)^7$

3. 化简.

(1) $(1+\sqrt{x})^5+(1-\sqrt{x})^5$

(2) $(2x^{\frac{1}{2}}+3x^{-\frac{1}{2}})^4-(2x^{\frac{1}{2}}-3x^{-\frac{1}{2}})^4$

4. 求 $(1-2x)^{15}$ 的展开式中前 4 项.

5. 求 $\left(1-\dfrac{1}{2x}\right)^{10}$ 的二项展开式中含 $\dfrac{1}{x^5}$ 的项的系数.

6. 利用"杨辉三角",画出函数 $f(r)=C_7^r\ (r=0,1,2,\cdots,7)$ 的图像.

B 组

1. 用二项式定理证明.

(1) $(n+1)^n-1$ 能被 n^2 整除.

(2) $99^{10}-1$ 能被 1000 整除.

2. 求证 $2^n-C_n^1 2^{n-1}+C_n^2 2^{n-2}+\cdots+(-1)^{n-1}C_n^{n-1}2^1+(-1)^n=1.$

小　结

一、本章知识结构

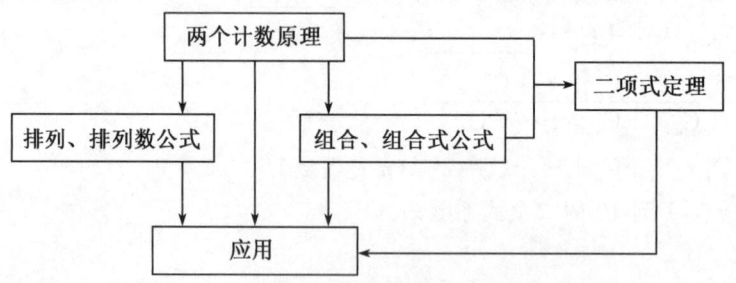

二、回顾与思考

(1) 分类加法计数原理与分步乘法计数原理是关于计数的两个最基本的原理. 当我们面临一个复杂问题时,通过分类或分步,将它分解成为一些简单的问题,通过解决简单问题然后再将它们整合起来达到整个问题的解决,这是一种重要而且基本的思想方法. 两个计数原理就是这种思想的体现.

另一方面,如果从集合的角度来考虑,分类加法计数原理表明了这样一个事实:

将集合 U 分成一些两两不相交的子集 $S_1,S_2,\cdots,S_k$,而且 $S_i(i=1,2,\cdots,k)$ 的元素个数分别为 n_i,那么,结合 U 的元素个数

$$n = n_1 + n_2 + \cdots + n_k.$$

（2）数的加法与乘法是我们最熟悉的两种运算，实际上它们也是在人类计数活动中发展起来的技巧，其中乘法是加法的简便运算．这两种技巧通过推广，就发展成为本章所学习的分类加法计数原理和分步乘法计数原理．通过本章的学习，你能谈谈两个计数原理与数的加法、乘法之间的联系吗？

（3）分类加法计数原理对应着"分类"活动，而且每一类方法都能够完成相应的事情．例如，进入一个院子要通过一道墙，这道墙左边有 m 个门，右边有 n 个门，那么进入院子的方法数为 $m+n$．这里 m, n 分别表示走左、右边进入院子的方法数．分类时最重要的是要做到既不重复也不遗漏．你能用集合的语言来描述这种要求吗？

（4）分步乘法计数原理对应着"分步"活动，而且只有完成每一个步骤才能完成相应的事情．例如，进入一个院子要通过两道墙，第一道墙有 m 个门，第二道墙有 n 个门，那么进入院子的方法数为 $m \cdot n$．这例 m, n 分别表示通过第一、第二道墙的方法数．你还能用实际例子说明分步乘法计数原理的应用吗？

（5）排列、组合是两类特殊的计数问题．排列的特殊性在于排列中元素的"互异性"和"有序性"，例如"从全班 50 名同学中选出 4 名同学，分别担任班长、学习委员、文艺委员、体育委员"，这就是一个排列问题．你能说明为什么这个问题有元素的"互异性"和"有序性"的特点吗？

与排列比较，组合的特殊性在于它只有元素的"互异性"而不需要考虑顺序．例如，上述问题如果改为"从全班 50 名同学中选出 4 名代表参加一项活动"，那么它就变成一个组合问题．本质上，"从 n 个不同的元素中取出 k 个元素的组合"就是这 n 个不同元素组成的集合的一个 k 元子集．

排列数公式、组合数公式的推导是两个计数原理的一个应用过程．你能回忆一下推导过程吗？

（6）在证明组合数的性质时，我们采用了"构建组合意义"的方法，这种方法的依据就是对同一问题的两种解释应该"殊途同归"，当我们面临一个问题时，往往需要用已有知识对其进行重新解释，这个过程实际上是一个对问题的理解过程，化未知为已知的过程，它对问题的解决经常是至关重要的．

（7）在推导二项式定理

$$(a+b)^n = C_n^0 a^n + C_n^1 a^{n-1} b^1 + \cdots + C_n^k a^{n-k} b^k + \cdots + C_n^n b^n$$

时，我们运用了两个计数原理，而这种应用也是基于我们在多项式乘法中的经验，每一项都是 $a^{n-k} b^k (k=0, 1, \cdots, n)$ 的形式，而用两个计数原理来解释得到 $a^{n-k} b^k$ 的步骤，就可以得出其同类项的个数为 C_n^k 个的结论．这个过程值得我们认真回味．

8. 在得出两个计数原理、排列数公式、组合数公式以及二项式定理时，我们始终是从一些简单、具体事例出发，从中获得解决一般性问题的经验，得出解决一般问题的思路．这也是学习数学乃至学习其他学科时可以借鉴的方法．

复习参考题

A 组

1. 填空题.

(1) 乘积 $(a_1+a_2+\cdots+a_n)(b_1+b_2+\cdots+b_n)$ 展开后,共有_____项.

(2) 学生可从本年级开设的 7 门选修课中任意选 3 门,从 6 种课外活动小组中选择 2 种,不同的选法种数是_____.

(3) 安排 6 名歌手演出顺序时,要求某歌手不是第一个出场,也不是最后一个出场,不同排法的种数是_____.

(4) 5 个人分 4 张无座足球票,每人至多分 1 张,而且票必须分完,那么不同分法的种数是_____.

(5) 5 名同学去听同时举行的 3 个课外知识讲座,每名同学可自由选择听其中的 1 个讲座,不同选择的种数是_____.

(6) 正十二边形的对角线条数是_____.

(7) $(1+x)^{2n}(n\in \mathbf{N}^*)$ 的展开式中,系数最大的项是第_____项.

2. (1) 数字 1,2,3,4,5,6 可以组成多少个没有重复数字的正整数?

(2) 数字 1,2,3,4,5,6 可以组成多少个没有重复,并且比 500000 大的正整数?

3. (1) 一个集合有 8 个元素,这个集合含有 3 个元素的子集有多少个?

(2) 一个集合有 5 个元素,其中含有 1 个、2 个、3 个、4 个元素的子集共有多少个?

4. 某学生邀请 10 位同学中的 6 位参加一项活动,其中两位同学要么都请,要么都不请,共有多少种邀请方法?

5. (1) 平面内有 n 条直线,其中没有两条平行,没有三条交于一点,那么共有多少个交点?

(2) 空间有 n 个平面,其中没有两个互相平行,也没有三个交于一条直线,一共有多少条交线?

6. 100 件产品中有 97 件合格品,3 件次品,从中任意抽取 5 件进行检查.

(1) 抽取 5 件都是合格品的抽法有多少种?

(2) 抽出的 5 件中恰好有 2 件是次品的抽法有多少种?

(3) 抽出的 5 件至少有 2 件是次品的抽法有多少种?

7. 书架上有 4 本不同的数学书,5 本不同的物理书,3 本不同的化学书,全部排在同一层,如果同类的书不分开,一共有多少种排法?

8. 求 $(1-2x)^5(1+3x)^6$ 展开式中按 x 的升幂排列的第 3 项.

B 组

1. 填空题.

(1) 已知 $C_{n+1}^{n-1}=21$, 那么 $n=$ _____.

(2) 要排出某班一天中语文、数学、政治、英语、体育、艺术 6 堂课的课程表, 要求数学课排在上午(前 4 节), 体育课排在下午(后 2 节), 不同排法种数是 _____.

(3) 已知集合 $A=\{a_1,a_2,a_3,a_4\}$, $B=\{b_1,b_2,b_3\}$, 可以建立从集合 A 到集合 B 的不同映射的个数是 _____.

(4) 一种汽车牌照号码由 2 个英文字母后接 4 个数字组成, 且 2 个英文字母不能相同, 不同拍照号码的个数是 _____.

(5) 以正方体的顶点为顶点的三棱锥的个数是 _____.

(6) 在 $(1-2x)^n$ 的展开式中, 各项系数的和是 _____.

2. 用数字 $0,1,2,3,4,5$ 组成没有重复数字的数.

(1) 能够组成多少个六位奇数?

(2) 能够组成多少个大于 201345 的正整数?

3. (1) 平面内有两组平行线, 一组有 m 条, 另一组有 n 条. 这两组平行线相交, 可以构成多少个平行四边形?

(2) 空间有三组平行平面, 第一组 m 个, 第二组有 n 个, 第三组有 l 个. 不同两组的平面都相交, 且交线都不平行, 可构成多少个平行六面体?

4. 某种产品的加工需要经过 5 道工序.

(1) 如果其中某一工序不能放到最后, 有多少种排列加工顺序的方法?

(2) 如果其中两道工序既不能放在最前, 也不能放在最后, 有多少种排列加工顺序的方法?

5. 在 $(1+x)^3+(1+x)^4+\cdots+(1+x)^{n+2}$ 的展开式中, 含 x^2 项的系数是多少?

第十七章 概　率

　　日常生活中，经常会遇到一些无法事先预测结果的事情，它们被称为随机事件．例如，抛掷一枚硬币，它将正面朝上还是反面朝上；明天早上到校的准确时间是几点几分；购买本期福利彩票是否能够中奖……这些事情的结果都有不确定性，是无法预知的．但当我们把随机的事件放在一起时，它们可能会表现出令人惊奇的规律性．例如，如果你将同样的硬币抛掷 100 次，尽管事先不能准确预知结果，但由于我们知道正面朝上和反面朝上的可能性各占 50％，因此它将差不多 50 次正面朝上，50 次反面朝上．为了研究这种随机事件的规律性，数学中引入了概率．

　　概率是描述随机事件发生可能性大小的度量，它已经渗透到人们的日常生活中，成为一个常用词汇．概率的准确含义是什么呢？用什么样的方法来计算随机事件的概率？本章我们就来探讨与概率相关的一些基本概念和研究方法．

17.1　随机事件的概率

17.1.1　随机事件的概率

日常生活中,有些问题是很难给出准确无误的回答的.例如,你明天什么时候起床?早晨 7:20 在某公共汽车站候车的人数是多少? 12:10 在学校食堂用餐的人数是多少?你购买的本期福利彩票是否能中奖? 等.显然,这些问题的结果都是不确定的、偶然的,很难给予准确的回答.

客观世界中,有些事情的发生是偶然的,有些事情的发生是必然的,而且偶然与必然之间往往有某种内在联系.例如,长沙地区一年四季的变化有着确定的、必然的规律,但长沙地区一年中哪一天是最热,哪一天是最冷,哪一天降雨量是最大,哪一天降雪量是最大,等等又是不确定的、偶然的.又如,一方面,某种水稻种子发芽后,在一定的条件(温度、水分、土壤、阳光)下,一定会经历分蘖、生长、扬花、结穗、成熟等,这个生长规律是确定的;另一方面,在这个过程中,每一粒发芽种子的分蘖数是多少,结穗率是多少,茎秆高是多少,结穗实粒有多少,粒重又是多少,这些都是不确定的.农业生产实践告诉我们,在一定的条件 S(温度、水分、土壤、阳光)下,发芽种子一定会分蘖.像这种在一定的条件 S(温度、水分、土壤、阳光)下,必然会发生的事件(发芽种子的分蘖)成为必然事件.但是,在一定条件 S(温度、水分、土壤、阳光)下,一粒发芽种子会分蘖多少,是 1 支、2 支,还是 3 支……这些又是不确定的,像这种在条件 S 下,不能事先预测结果的事件称为随机事件.另外,"发芽的种子不分蘖"这一事件一定不会发生,像这种在条件 S 下一定不会发生的事件称为不可能发生的事件.

一般地,我们把在条件 S 下,一定会发生的事件,叫作相对于条件 S 的必然事件(certain event),简称必然事件;

在条件 S 下,一定不会发生的事件,叫作相对于条件 S 的不可能事件(impossible event),简称不可能事件;

必然事件与不可能事件统称为相对于条件 S 的确定事件,简称确定事件.

确定事件和随机事件统称为事件,一般用大写字母 A、B、C……表示.

> **思考:** 你能举出一些现实生活中的随机事件、必然事件、不可能事件的实例吗?

对于随机事件,知道它发生的可能性大小是非常重要的,它能为我们的决策提供关键性的依据.那么,如何才能获得随机事件发生的可能性的大小呢?

要了解随机事件发生的可能性大小,最直接的方法就是试验(观察).

在相同的条件 S 下重复 n 次试验,观察某一事件 A 是否出现,称 n 次试验中事件 A 出现的次数 n_A 为事件 A 出现的频数(frequency),称事件 A 出现的比例 $f_n(A) = \dfrac{n_A}{n}$ 为事

件 A 出现的频率(relative frequency).

接下来,我们用计算机模拟投硬币试验,分别记录试验次数、正面朝上的频数,并计算出正面朝上的频率,见表 17.1.1,计算机模拟掷硬币的试验结果:

表 17.1.1

试验次数	正面朝上的频数	正面朝上的频率
5	4	0.8
10	6	0.6
15	6	0.4
20	14	0.7
25	11	0.44
30	16	0.533333
35	18	0.514286
40	20	0.5
45	20	0.444444
50	20	0.4
55	26	0.472727
60	31	0.516667
65	30	0.461538
70	35	0.5
75	34	0.453333
80	38	0.475
85	43	0.505882
90	46	0.511111
95	56	0.589474
100	53	0.53

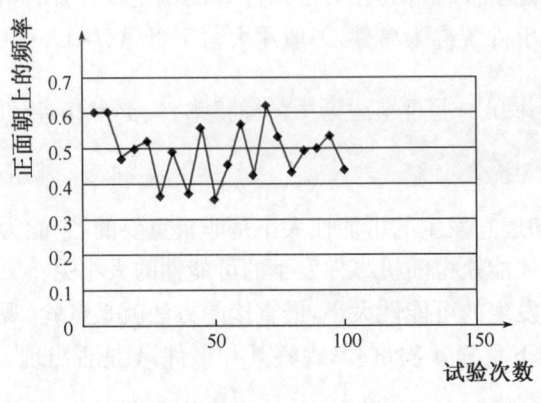

图 17.1.1

历史上有人曾经做过大量重复掷硬币的试验,结果如表 17.1.2 所示.

表 17.1.2

试验次数(n)	正面朝上的次数(频数 m)	正面朝上的频率(m/n)
2048	1061	0.5181
4040	2048	0.5069
12000	6019	0.5016
24000	12012	0.5005
30000	14984	0.4996
72088	36124	0.5011

我们看到,当试验次数很多时,出现正面的频率值在 0.5 附近摆动.一般来说,随机事件 A 在每次实验中是否发生是不能预知的,但是在大量重复试验后,随着试验次数的增加,事件 A 发生的频率会逐渐稳定在区间 [0,1] 中的某个常数上.这个常数越接近于 1,表示事件 A 发生的频率越大,频数就越多,也就是它发生的可能性越大;反过来,事件发生的可能性越小,频数就越少,频率就越小,这个常数也就越小.因此,我们可以用这个常数来度量事件 A 发生的可能性的大小.

对于给定的随机事件 A,如果随着试验次数的增加,事件 A 发生的频率 $f_n(A)$ 稳定在某个常数上,把这个常数记作 $P(A)$,称为事件 A 的概率(probability),简称为 A 的概率.

这样,抛掷一枚硬币,正面朝上的概率为 0.5,即

$$P(正面朝上)=0.5.$$

思考: 事件 A 发生的频率 $f_n(A)$ 是不是不变的? 事件 A 的概率 $P(A)$ 是不是不变的? 它们之间有什么区别和联系?

本章我们研究的是那些在相同条件下可以进行大量重复试验的随机事件,它们都具有频率稳定性.

任何事件的概率是 0~1 之间的一个数,它度量该事件发生的可能性.小概率(接近 0)事件很少发生,而大概率(接近 1)事件则经常发生.例如,对每个人来讲,他买一张体育彩票中特等奖的概率就是小概率事件,他买 10000 张体育彩票至少有一张中奖(不论中几等奖都算中奖)的概率是很大的.知道随机事件的概率的大小有利于我们做出正确的决策.

雅可比·贝努里(Jacob Bernouli,1654~1705)瑞士数学家,被公认为概率理论的先驱.他是世界著名的数学家和科学家,给出了著名的大数定律.大数定律阐述了随着试验次数的增加,频率稳定在概率附近.

随堂练习 ▶

1. 做同时掷出两枚硬币的试验, 观察试验结果.

(1) 试验可能出现的结果有几种? 分别把它们表示出来.

(2) 做 100 次试验, 每种结果出现的频率、频数各是多少?

与其他同学的试验结果汇总, 你会发现什么? 你能估计每种结果出现的概率吗?

2. 做掷骰子试验, 掷一个骰子 100 次, 并填下表:

	频数	频率
试验的总次数	100	
出现数字 1		
出现数字 5		
出现的数字小于 7		
出现的数字大于 7		
出现的数字为偶数		
出现的数字为奇数		

3. (1) 给出一个概率很小的随机事件的例子.

(2) 给出一个概率很大的随机事件的例子.

17.1.2 概率的意义

1. 对概率的正确理解

> **思考:** 有人说, 既然抛掷一枚硬币出现正面的概率为 0.5, 那么连续两次抛掷一枚质地均匀的硬币, 一定是一次正面朝上, 一次反面朝上. 你认为这种说法正确吗?

尽管每次抛掷硬币的结果出现正、反的概率都是 0.5, 但连续两次抛掷硬币的结果不一定恰好是正面朝上、反面朝上各一次. 每个同学都连续抛掷两次硬币, 统计全班同学的试验结果, 可以发现有三种可能的结果: "两次正面朝上" "两次反面朝上" "一次正面朝上, 一次反面朝上". 这正体现了随机事件发生的随机性.

> **探究:** 全班同学各取一枚同样的硬币, 连续抛掷两次, 观察它落地后的朝向, 并记录结果. 重复上面的过程 10 次. 将全班同学的试验结果汇总, 计算三种结果发生的频率. 你有什么发现?

随着试验次数的增加, 可以发现, "正面朝上、反面朝上各一次"的频率与"两次均正面朝上""两次均反面朝上"的频率是不一样的,而且"两次均正面朝上"的频率与"两次均反面朝上"的频率大致相等;"正面朝上、反面朝上各一次"的频率大于"两次均正面朝上"("两次均反面朝上")的频率.事实上,"两次均正面朝上"的概率为 0.25,"两次均反面朝上"的概率也是 0.25,"正面朝上、反面朝上各一次"的概率是 0.5.

上述试验告诉我们,随机事件在一次试验中发生与否是随机的,但随机性中含有规律性.认识了这种随机性中的规律性,就能使我们比较准确地预测随机事件发生的可能性.例如,做连续抛掷两枚硬币的试验 100 次,可以预见:"两个正面朝上"大约出现 25 次;"两个反面朝上"大约出现 25 次;"正面朝上、反面朝上各一次"大约出现 50 次.

> 思考:如果某种彩票的中奖概率为 $\frac{1}{1000}$,那么买 1000 张这种彩票一定能中奖吗?(假设该彩票有足够多的张数)

有的同学可能认为,中将概率为 $\frac{1}{1000}$,那么买 1000 张彩票就一定能中奖.但这种想法是不正确的.

实际上,买 1000 张彩票相当于做 1000 次试验,因为每次试验的结果都是随机的,所以做 1000 次的结果也是随机的.这就是说,每张彩票既可能中奖也可能不中奖,因此 1000 张彩票中可能没有一张中奖,也可能有一张、两张等多张中奖.

虽然中奖张数是随机的,但这种随机性中具有规律性.随着试验次数的增加,即随着买的彩票张数的增加,大约有 $\frac{1}{1000}$ 的彩票中奖.实际上,买 1000 张彩票中奖的概率为 $1-\left(\frac{999}{1000}\right)^{1000}\approx0.6323$.没有一张中奖也是有可能的,其概率约为 0.3677.

2. 游戏的公平性

在一场乒乓球比赛前,要决定由谁先发球,你注意到裁判是怎样确定发球权的吗?

下面就是常用的一种方法:裁判员拿出一个抽签器,它是一个像大硬币似的均匀塑料圆板,一面是红圈,一面是绿圈,然后随意指定一名运动员,要他猜上抛的抽签器落到球台上时,是红圈那面朝上还是绿圈那面朝上.如果他猜对了,就由他先发球,否则,由另一方先发球.这样做公平吗?

这样做体现了公平性,它使得两名运动员的先发球的机会是等可能的.用概率的语言描述,就是两个运动员取得发球权的概率都是 0.5.这是因为抽签器上抛后,红圈和绿圈朝上的概率都是 0.5,因此任何一名运动员猜中的概率都是 0.5,也就是每个运动员取得先发球权的概率为 0.5,所以这个规则是公平的.

3. 决策中的概率思想

> 思考:如果连续 10 次抛掷一枚骰子,结果都是出现 1 点.你认为这枚骰子的质地均匀吗?为什么?

利用刚学过的概率知识我们可以进行推断,如果它是均匀的,通过试验和观察,可以发现出现各个面的可能性都应该是 $\frac{1}{6}$,从而连续 10 次出现 1 点的概率为 $\left(\frac{1}{6}\right)^{10} \approx$ 0.0000000016538,这在一次试验(即连续 10 次抛掷一枚骰子)中几乎是不可能发生的. 而当骰子不均匀时,特别是当 6 点的那面比较重时(例如灌了铅或水银),会使出现 1 点的概率最大,更有可能连续 10 次出现 1 点.

现在我们面临两种可能的决策:一种是这枚骰子的质地均匀,另一种是这枚骰子的质地不均匀. 当连续 10 次抛掷这枚骰子,结果都出现 1 点,这时我们更愿意接收第二种情况:这枚骰子靠近 6 点的那面比较重. 原因是在第二种假设下,更有可能出现 10 个 1 点.

如果我们面临的是从多个可选答案中挑选正确答案的决策任务,那么"使得样本出现的可能性最大"可以作为决策的准则,例如对上述思考题所做的推断. 这种判断问题的方法称为极大似然法. 极大似然法是统计中重要的思想方法之一. 因为如果我们的判断结论能够使得样本出现的可能性最大,那么判断正确的可能性也越大.

4. 天气预报的概率解释

思考:某地气象局预报说,明天本地降水概率为 70%. 你认为下面两个解释中哪一个能代表气象局的观点?

(1) 明天本地有 70% 的区域下雨,30% 的区域不下雨;

(2) 明天本地下雨的机会是 70%.

生活中,我们经常听到这样的议论:"天气预报说今天降水概率为 90%,结果连一滴雨都没下,天气预报也太不准确了." 学了概率后,你能给出解释吗?

天气预报的"降水"是一个随机事件,"概率为 90%"指明了"降水"这个随机事件发生的概率. 我们知道:在一次试验中,概率为 90% 的事件也可能不出现. 因此,"昨天没有下雨"并不能说明"今天的降水概率为 90%"的天气预报是错误的.

5. 遗传机理中的统计规律

奥地利遗传学家孟德尔 1856 年开始用豌豆做试验,这个试验大概持续了七八年的时间. 他把黄色和绿色的豌豆杂交,第一年收获的豌豆都是黄色的. 第二年,当他把第一年收获的黄色豌豆再种下时,收获的豌豆既有黄色的又有绿色的. 同样他把圆形和皱皮豌豆杂交,第一年所收获的都是圆形豌豆,连一粒皱皮豌豆也没有. 第二年,当他把这种杂交圆形豌豆再种下时,得到的却既有圆形豌豆,又有皱皮豌豆. 类似地,他把长茎的豌豆与短茎的豌豆杂交,第一年长出来的都是长茎的豌豆,另外的那种特征则完全消失了. 当他把这种杂交长茎豌豆再种下时,得到的却既有长茎豌豆,又有短茎豌豆. 豌豆杂交试验的子二代结果的具体数据如表 17.1.3:

孟德尔(Gregor Mendel, 1822～1884),奥地利遗传学家. 被公认为传统遗传学之父,1865 年发现了遗传定律.

表 17.1.3

性状	显性		隐性		显性∶隐性
子叶的颜色	黄色	6022	绿色	2001	3.01∶1
种子的性状	圆形	5474	皱皮	1850	2.96∶1
茎的高度	长茎	787	短茎	277	2.84∶1

为什么表面完全相同的豌豆会长出这样不同的后代？而且每次试验的结果比例如此稳定？都接近 3∶1. 孟德尔认为一定有某种遗传规律. 经过坚持不懈的研究,孟德尔终于找到了其中规律,因此也成为遗传学的奠基人.

孟德尔从豌豆试验中洞察到的遗传规律是一种统计规律,下面给出简单的解释.

纯黄色和纯绿色的豌豆均有两个特征(用符号 YY 代表纯黄色豌豆的两个特征,符号 yy 代表纯绿色豌豆的两个特征):

纯黄色的豌豆　　　YY

纯绿色的豌豆　　　yy

当这两种豌豆杂交时,下一代是从父母辈中各随机地选取一个特征,于是第一年收获的豌豆的特征为:

第一代(第一年收获的豌豆)　　Yy

当把第一代杂交豌豆再种下时,下一代同样是从父辈中各随机地选取一个特征,所以第二代的豌豆特征如下:

第二代(第二年收获的豌豆)　　YY、Yy、yy

对于豌豆的颜色来说,Y 是显性因子,y 是隐性因子. 当显性因子与隐形因子组合时,表现显性因子的特征,即 YY、Yy 都显示黄色;当两个隐性因子组合时才表现隐性因子的特性,即 yy 显示绿色. 由于下一代的特征是从父母辈中随机选取的,因此第二代中 YY、yy 出现的概率都是 $\frac{1}{4}$,Yy 出现的概率是 $\frac{1}{2}$,因此黄色豌豆(YY、Yy)∶绿色豌豆(yy)≈3∶1.

随堂练习 ▶

1. "一个骰子投掷一次得到 2 的概率是 $\frac{1}{6}$,这说明一个骰子投掷 6 次会出现一次 2",这种说法对吗?

2. 在网上或报纸中找出使用概率的例子,并说明这个概率是如何被使用的.

17.1.3 概率的基本性质

> **探究**：在掷骰子试验中，可以定义各种事件，例如：
>
> $C_1=\{$出现 1 点$\}$；$C_2=\{$出现 2 点$\}$；$C_3=\{$出现 3 点$\}$；$C_4=\{$出现 4 点$\}$；$C_5=\{$出现 5 点$\}$；$C_6=\{$出现 6 点$\}$；$D_1=\{$出现的点数不大于 1$\}$；$D_2=\{$出现的点数大于 3$\}$；$D_3=\{$出现的点数小于 5$\}$；$E=\{$出现的点数不小于 7$\}$；$F=\{$出现的点数大于 6$\}$；$G=\{$出现的点数是偶数$\}$；$H=\{$出现的点数是奇数$\}$……类比集合与集合的关系、运算，你能发现它们之间的关系与运算吗？

1. 事件的关系与运算

（1）显然，如果事件 C_1 发生，则事件 H 一定发生，这时我们说事件 H 包含事件 C_1，记作 $H \supseteq C_1$.

一般地，对于事件 A 与事件 B，如果事件 A 发生则事件 B 一定发生，这时称**事件 B 包含事件 A**（或称事件 A 包含于事件 B），记作 $B \supseteq A$（或 $A \subseteq B$）. 与集合类比，可用图 17.1.2 表示. 不可能事件记作 $\varnothing$，任何事件都包含不可能事件.

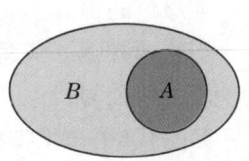

图 17.1.2

（2）如果事件 C_1 发生则事件 D_1 一定发生，反过来也对，这时我们说这两个事件相等，记作 $C_1=D_1$.

一般地，若 $B \supseteq A$，且 $A \supseteq B$，那么称事件 A 与事件 B 相等，记作 $A=B$.

（3）若某事件发生当且仅当事件 A 发生或事件 B 发生，那么称此事件为**事件 A 与事件 B 的并事件**（或和事件），记作 $A \cup B$（或 $A+B$）.

例如，在投掷骰子的试验中，事件 $C_1 \cup C_5$ 表示出现 1 点或 5 点这个事件，即 $C_1 \cup C_5=\{$出现 1 点或 5 点$\}$.

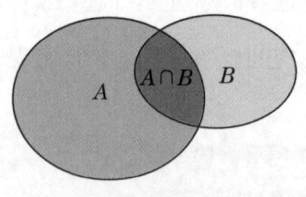

（4）若某事件发生当且仅当事件 A 发生且事件 B 发生，则称此事件为**事件 A 与事件 B 的交事件**（或积事件），记作 $A \cap B$（或 AB），如图 17.1.3.

如上述试验中 $D_2 \cap D_3=C_4$.

图 17.1.3

（5）如果 $A \cap B$ 为不可能事件（$A \cap B=\varnothing$），那么称事件 **A 与事件 B 互斥**，其含义是：事件 A 与事件 B 在任何一次试验中不会同时发生，如图 17.1.4.

例如上述试验中事件 G 与事件 H 互斥，事件 C_1 与事件 C_2 互斥.

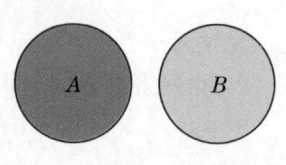

图 17.1.4

（6）如果 $A \cap B$ 为不可能事件并且 $A \cup B$ 为必然事件，那么称事件 A 与事件 B **互为对立事件**. 其含义是：事件 A 与事件 B 在任何一次试验中有且仅有一个发生.

例如，上述试验中 $G \cap H$ 为不可能事件，$G \cup H$ 为必然事件，所以 G 与 H 互为对立事件.

我们可以发现，事件的关系与集合的关系十分类似，在它们之间可以建立一个对应关系. 因此可以用集合的观点来看待事件.

2. 概率的几个基本性质

(1) 由于事件的频数总是小于或等于试验的次数,所以频率在 0~1 之间,从而任何事件的概率在 0~1 之间,即

$$0 \leqslant P(A) \leqslant 1.$$

(2) 在每次试验中,必然事件一定发生,因此它的频率为 1,从而必然事件的概率为 1. 例如,在掷骰子试验中,由于出现的点数最大是 6,因此 $P(E)=1$.

(3) 在每次试验中,不可能事件一定不出现,因此它的频率为 0,从而不可能事件的概率为 0. 例如,在掷骰子试验中,$P(F)=0$.

(4) 当事件 A 与事件 B 互斥时,$A \cup B$ 发生的频数等于 A 发生的频数与 B 发生的频数之和,从而 $A \cup B$ 的频率 $f_n(A \cup B)=f_n(A)+f_n(B)$.

由此得到概率的加法公式:

如果事件 A 与事件 B 互斥,则 $P(A \cup B)=P(A)+P(B)$.

例如,在掷骰子时,由于在一次试验中事件 C_1 与事件 C_2 不会同时发生,因此,$P(C_1 \cup C_2)=P(C_1)+P(C_2)$.

(5) 特别说明,若事件 B 与事件 A 互为对立事件,则 $A \cup B$ 为必然事件,$P(A \cup B)=1$. 再由加法公式得 $P(A)=1-P(B)$. 例如,在掷骰子试验中,G 与 H 互为对立事件,因此 $P(G)=1-P(H)$.

利用上述概率的性质,可简化概率的计算.

例 如果从不包括大小王的 52 张扑克牌(如图 17.1.5)中随机抽取一张,那么取到红心(事件 A)的概率是 $\frac{1}{4}$,取到方片(事件 B)的概率是 $\frac{1}{4}$. 问:

(1) 取到红色牌(事件 C)的概率是多少?

(2) 取到黑色牌(事件 D)的概率是多少?

图 17.1.5

解:(1) 因为 $C=A \cup B$,且 A 与 B 不会同时发生,所以 A 与 B 是互斥事件. 根据概率的加法公式,得

$$P(C)=P(A)+P(B)=\frac{1}{2}.$$

(2) C 与 D 也是互斥事件,又由于 $C \cup D$ 为必然事件,所以 C 与 D 互为对立事件,所以

$$P(D)=1-P(C)=\frac{1}{2}.$$

随堂练习

1. 如果某人在一次投篮试验中,能进球的概率是 0.3,那么他投不进的概率是多少?

2. 某工厂为了节约用电,规定每天的用电量指标为 1000 千瓦时,按照上个月的用电记录,30 天中有 12 天的用电量超过指标,若第二个月仍没有具体的节电措施,试求该月的第一天用电量超过指标的概率近似值.

习题 17.1

A 组

1. 有一粒红骰子和一粒黑骰子,如果同时掷出这两粒骰子,分别试验 20 次和 100 次,下列事件出现的频率各是多少?

(1) 黑骰子的点数不小于红骰子的点数(事件 A);

(2) 两粒骰子的和大于 9(事件 B);

(3) 红骰子的点数小于 3(事件 C);

(4) 红骰子的点数小于 3 或两粒骰子的总和小于 9(事件 D).

2. 某人捡到不规则形状的五面体石块,他在每个面上做了记号,投掷了 100 次,并且记录了每个面落在桌面上的次数(如下表). 如果再投掷一次,请估计石块的第 4 面落在桌面上的概率是多少?

石块的面	1	2	3	4	5
频数	32	18	15	13	22

3. 李老师在某大学连续 3 年主讲经济学院的高等数学,下表是学生在李老师这门课上 3 年来的考试成绩分布:

成绩	人数
90 分以上	43
80~89 分	182
70~79 分	260
60~69 分	90
50~59 分	62
50 分以下	8

经济学院一年级的学生王晓慧下学期将修李老师的高等数学课,用已有的信息估

计她得以下分数的概率：

(1) 90 分以上；

(2) 60～69 分；

(3) 60 分以上.

B 组

在一个袋子中放 9 个白球，1 个红球，摇匀后随机摸球：

(1) 每次摸出球后记下球的颜色然后放回袋中；

(2) 每次摸出球后不放回袋中.

在两种情况下分别做 10 次试验，求每种情况下第 4 次摸球摸到红球的概率？它们的概率相同吗？第 4 次摸到红球的概率与第一次摸到红球的概率相差远吗？请说明理由.

17.2　古典概型

通过试验和观察的方法，我们可以得到一些事件的概率估计. 但这种方法耗时多，而且得到的仅是概率的近似值. 在一些特殊的情况下，我们可以构造出计算概率的通用方法.

我们来分析事件的构成. 研究两个试验：

(1) 掷一枚质地均匀的硬币的试验；

(2) 掷一枚质地均匀的骰子的试验.

在试验(1)中，结果只有两个，即"正面朝上"或"反面朝上"，它们都是随机事件；在试验(2)中，所有可能的试验结果只有 6 个，即出现"1 点""2 点""3 点""4 点""5 点""6 点"，它们也都是随机事件. 我们把这类随机事件称为基本事件(elementary event).

基本事件有如下特点：

(1) 任何两个基本事件是互斥的；

(2) 任何事件都可以表示成基本事件的和.

在掷硬币实验中，必然事件由基本事件"正面朝上"和"反面朝上"组成；在掷骰子实验中，随机事件"出现偶数点"可以由基本事件"2 点""4 点"和"6 点"共同组成.

例 1　从字母 a,b,c,d 中任意取出两个不同字母的试验中，有哪些基本事件？

分析：为了得到基本事件，我们可以按照某种顺序，把所有可能的结果都列出来.

解：所求的基本事件共 6 个：

$A=\{a,b\}, B=\{a,c\}, C=\{a,d\},$

$D=\{b,c\}, E=\{b,d\}, F=\{c,d\}.$

上述试验和例 1 的共同特点是：

(1) 试验中所有可能出现的基本事件个数是有限的；

（2）每个基本事件出现的可能性相等.

我们将具有这两个特点的概率模型称为古典概率模型（classical models of probability），简称古典概型.

> **思考：**在古典概型下，基本事件出现的概率是多少？随机事件出现的概率如何计算？

对于掷均匀硬币试验，出现正面朝上的概率与反面朝上的概率相等，即
$$P（"正面朝上"）＝P（"反面朝上"）.$$
由概率的加法公式可知
$$P（"正面朝上"）＋P（"反面朝上"）＝P（必然事件）＝1.$$
因此
$$P（"正面朝上"）＝P（"反面朝上"）＝\frac{1}{2}.$$

对于掷质地均匀的骰子试验，出现各个点的概率相等，利用概率的加法公式，我们可以得到，即
$$P（"1 点"）＝P（"2 点"）＝P（"3 点"）＝P（"4 点"）＝P（"5 点"）＝P（"6 点"）＝\frac{1}{6}.$$

进一步地，利用加法公式还可以计算这个试验中的任何一个事件的概率，例如，
$$P（"出现奇数点"）＝P（"1 点"）＋P（"3 点"）＋P（"5 点"）$$
$$＝\frac{1}{6}＋\frac{1}{6}＋\frac{1}{6}$$
$$＝\frac{1}{2},$$
$$P（"出现奇数点"）＝\frac{"出现奇数点"所包含的基本事件的个数}{基本事件的总数}.$$

对于古典概型，任何事件的概率为：
$$P(A)＝\frac{A\ 包含的基本事件的个数}{基本事件的总数}.$$

例2 单选题是标准化考试中常用的题型，一般是从 A、B、C、D 四个选项中选择一个正确答案.假设考生不会做，他随机地选择一个答案，问他答对的概率是多少？

解：这是一个古典概型，因为试验的可能结果只有 4 个：选 A、选 B、选 C、选 D，即基本事件共有 4 个，考生随机地选择一个答案是指选择 A、B、C、D 的可能性是相等的.由古典概型的概率计算公式可得：
$$P（"答对"）＝\frac{"答对"所包含的基本事件的个数}{4}＝\frac{1}{4}.$$

> **探究：**在标准化的考试中既有单选题又有多选题，多选题是从 A、B、C、D 四个选项中选出所有正确的答案，我们可能有一种感觉，如果不知道正确答案，多选题更难才对，这是为什么？

例3 同时掷两个规格有差异的骰子,计算:

(1) 一共有多少种不同的结果?

(2) 其中向上的点数之和是5的结果有多少种?

(3) 向上的点数之和是5的概率是多少?

解:(1) 掷一个骰子的结果有6种. 我们把两个骰子标上记号1、2以便区别,由于1号骰子的每一个结果都可与2号骰子的任意一个结果配对,组成同时掷两个骰子的一个结果,因此同时掷两个骰子的结果共有36种.

(2) 在上面的所有结果中,向上的点数之和为5的结果有

$$(1,4),(2,3),(3,2),(4,1),$$

其中第一个数表示1号骰子的结果,第二个数表示2号骰子的结果.

(3) 由于所有36种结果是等可能的,其中向上点数之和为5的结果(记作事件A)有4种,因此,由古典概型的概率计算公式可得

$$P(A) = \frac{4}{36} = \frac{1}{9}.$$

> **探究:** 例3为什么要把两个骰子标上记号?如果不标记号会出现什么情况?你能解释其中的原因吗?

随堂练习 ▶

1. 在20瓶饮料中,有2瓶已过了保质期.从中任取1瓶,取到已过保质期的饮料的概率是多少?

2. 在夏令营的7名成员中,有3名同学已经去过北京.从这7名同学中人选2名同学,选出的这2名同学恰是已经去过北京的概率是多少?

3. 5本不同的语文书,4本不同的数学书,从中任意取出2本,取出的书恰好都是数学书的概率为多少?

阅读与思考

(整数值)随机数(random numbers)的产生

很多时候我们需要做大量重复的试验,有的同学可能觉得这样做试验花费的时间太多了,有没有其他方法可以替代试验呢?下面我们介绍用计算机产生随机数,而且可以直接统计出频数和频率.下面以掷硬币为例给出计算机产生随机数的方法.

每个具有统计功能的软件都有随机函数.以Excel软件为例,打开Excel这个软件,执行下面的步骤:

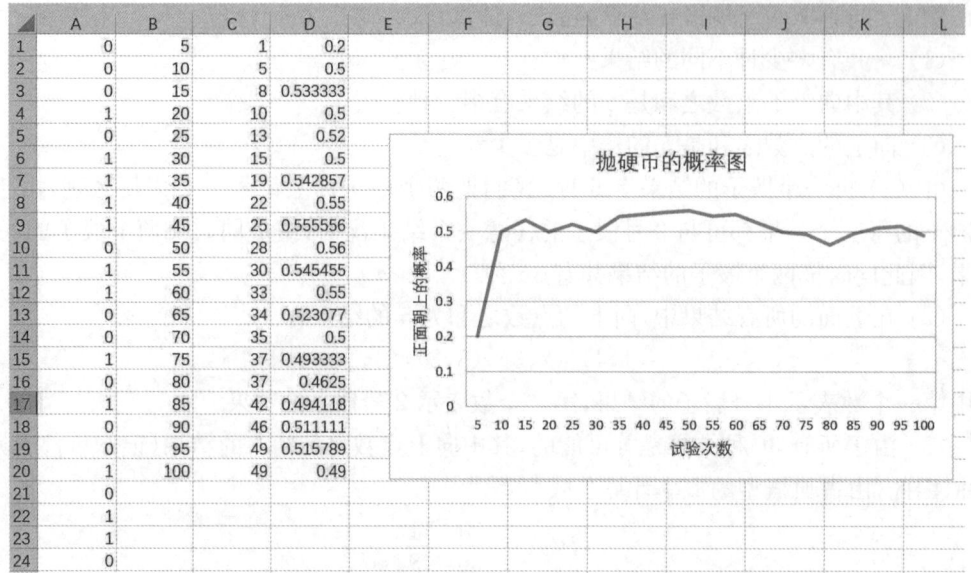

	A	B	C	D	E	F	G	H	I	J	K	L
1	0	5	1	0.2								
2	0	10	5	0.5								
3	0	15	8	0.533333								
4	1	20	10	0.5								
5	0	25	13	0.52								
6	1	30	15	0.5								
7	1	35	19	0.542857								
8	1	40	22	0.55								
9	1	45	25	0.555556								
10	0	50	28	0.56								
11	1	55	30	0.545455								
12	1	60	33	0.55								
13	0	65	34	0.523077								
14	0	70	35	0.5								
15	1	75	37	0.493333								
16	0	80	37	0.4625								
17	1	85	42	0.494118								
18	0	90	46	0.511111								
19	0	95	49	0.515789								
20	0	100	49	0.49								
21	0											
22	1											
23	1											
24	0											

1. 选定 A1 格，键入"＝RANDBETWEEN(0,1)"，按 Enter 键，则在此格中的数是随机产生的 0 或 1.

2. 选定 A1 格，按 Ctrl＋C 快捷键，然后选定要随机产生 0、1 的格，比如 A2 至 A100，按 Ctrl＋V 快捷键，则在 A2 至 A100 的数均为随机产生的 0 或 1，这样我们很快就得到了 100 个随机产生的 0，1，相当于做了 100 次随机试验.

3. 选定 C1 格，键入频数函数"＝FREQUENCY(A1:A100,0.5)"，按 Enter 键，则此格中的数是统计 A1 至 A100 中，比 0.5 小的数的个数，即 0 出现的频数，也就是反面朝上的频数.

4. 选定 D1 格，键入"＝1－C1/100"，按 Enter 键，在此格中的数是这 100 次试验中出现 1 的频率，即正面朝上的频率.

同时可以画频率折线图，它更直观地告诉我们：频率在概率附近波动.

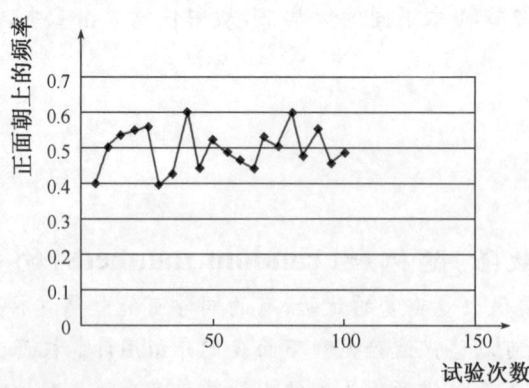

上面我们用计算机模拟了掷硬币的试验，我们称这种用计算机模拟试验的方法为随机模拟方法或蒙特卡洛（Monte Carlo）方法. 下面我们再通过一个例子感受一下蒙特卡洛方法的魅力.

例：天气预报说，在今后的三天中，每一天下雨的概率为 40%. 这三天中恰有两天下雨的概率是多少?

解:我们通过设计模拟试验的方法来解决问题.利用计算机可以产生 0 到 9 之间取整数值的随机数,我们用 1,2,3,4 表示下雨,用 5,6,7,8,9,0 表示不下雨,这样可以体现下雨的概率是 40%.因为是 3 天,所以每三个随机数作为一组.例如,产生 20 组随机数

| 907 | 966 | <u>191</u> | 925 | <u>271</u> | <u>932</u> | <u>812</u> | 458 | 569 | 683 |
| 431 | 257 | <u>393</u> | 027 | 556 | 488 | 730 | 113 | 537 | 989 |

就相当于做了 20 次试验.在这组数中,如果恰有两个数在 1,2,3,4 中,则表示恰有两天下雨,它们分别是 191,271,932,812,393,即共有 5 个数.我们得到三天中恰有两天下雨的概率近似为 $\frac{5}{20}=25\%$.

通过这个例子,你能体会到随机模拟的好处吗?

习题 17.2

A 组

1. 下面有三个游戏,袋子中分别装有球,从袋中无放回地取球,分别计算甲获胜的概率,并判断哪个游戏是公平的?

游戏1	游戏2	游戏3
1 个红球和 1 个白球	2 个红球和 2 个白球	3 个红球和 1 个白球
取 1 个球	取一个球,再取一个球	取 1 个球,再取一个球
取出的球是红球→甲胜	取出的两个球同色→甲胜	取出的两个球同色→甲胜
取出的球是白球→乙胜	取出的两个球不同色→乙胜	取出的两个球不同色→乙胜

2. a,b,c,d,e 五位同学按任意次序站成一排,求下列事件的概率:

(1) a 在第一个;

(2) a 或 b 在第一个;

(3) a 不在第一个.

3. 一个盒子里装有标号 $1,2,\cdots,10$ 的标签,随机地选取两张标签,根据下列条件求两张标签上的数字为相邻整数的概率:

(1) 标签的选取是无放回的;

(2) 标签的选取是有放回的.

4. 在一个盒子中装有 15 支圆珠笔,其中 7 支一等品,5 支二等品和 3 支三等品,从中任取 3 支,问下列事件的概率分别是:

(1) 恰有一支一等品;

(2) 恰有两支一等品;

(3) 没有三等品.

B 组

1. 某人有 5 把钥匙，其中 2 把能打开门. 现随机地取 1 把钥匙试着开门，不能开门的就扔掉，问第三次才能打开门的概率是多少？

2. 某城市的电话号码是 8 位数，假设每个数字出现的概率相同. 如果从电话号码本中任意指一个电话号码，求：

(1) 头两位号码都是 7 的概率；

(2) 头两位号码都不超过 7 的概率；

(3) 头两位号码不相同的概率.

17.3　几何概型

在现实生活中，常常会遇到试验的所有可能结果是无穷多的情况，这时就不能用古典概型来计算事件发生的概率了. 在特定情形下，我们可以用几何概型来计算事件发生的概率.

在概率论发展的早期，人们就已经注意到只考虑那种有限个等可能结果的随机试验是不够的，还必须考虑到有无限多个实验结果的情况. 例如，一个人到单位的时间可能是 $8:00 \sim 9:00$ 之间的任何一个时刻；往一个方格中投一个石子，石子可能落在方格中的任何一点上……这些试验可能出现的结果都是无限多个. 下面我们通过几个例子来说明相应概率的求法.

如图 17.3.1 中有两个转盘，甲乙两人玩转盘游戏，规定当指针指向 B 区域时，甲获胜，否则乙获胜. 在两种情况下分别求甲获胜的概率是多少？

由直觉可知，以图 17.3.1 中的转盘 (1) 为游戏工具时，甲获胜的概率为 $\dfrac{1}{2}$，以图 17.3.1 中的转盘 (2) 为游戏工具时，甲获胜的概率为 $\dfrac{3}{5}$. 事实上，甲获胜的概率与字母 B 所在扇形区域的圆弧长度有关，而与字母 B 所在的区域位置无关，只要字母 B 所

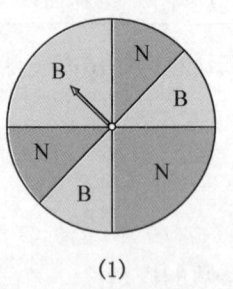
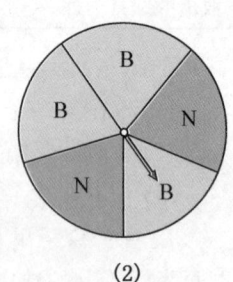

(1)　　　　　　　(2)

图 17.3.1

在扇形区域的圆弧的长度不变，不管这些区域是相邻，还是不相邻，甲获胜的概率是不变的.

如果每个事件发生的概率只与构成该事件区域的长度（面积或体积）成比例，则称这样的概率模型为几何概率模型 (geometric models of probability)，简称几何概型.

几何概型中，事件 A 的概率的计算公式如下：

$$P(A) = \frac{\text{构成事件 } A \text{ 的区域长度（面积或体积）}}{\text{试验的全部结果所构成的区域长度（面积或体积）}}.$$

因此,如果把图 17.3.1 中的圆周的长度设为 1,则以转盘(1)为游戏工具时,

$$P(\text{"甲获胜"}) = \frac{\frac{1}{2}}{1} = \frac{1}{2};$$

以转盘(2)为游戏工具时,

$$P(\text{"甲获胜"}) = \frac{\frac{3}{5}}{1} = \frac{3}{5}.$$

例 1 某人午觉醒来,发现表停了,他打开收音机,想听电台的整点报时,求他等待的时间不多于 10 分钟的概率.

分析:假如他在 0~60 分钟之间任何一个时刻打开收音机是等可能的,但 0~60 之间有无穷多个时刻,不能用古典概型的公式计算随机事件发生的概率. 因为电台每隔 1 小时报时一次,所以他在哪个时间段打开收音机的概率只与该时间段的长度有关,而与该时间段的位置无关,这符合几何概型的条件.

解:设事件 $A = \{$等待的时间不多于 10 分钟$\}$,我们所关心的事件 A 恰好是打开收音机的时刻位于 $[50,60]$ 事件段内,因此由几何概型的求概率公式得

$$P(A) = \frac{60-50}{60} = \frac{1}{6},$$

即"等待报时的时间不超过 10 分钟"的概率为 $\frac{1}{6}$.

例 2 小明家的晚报在下午 5:30~6:30 之间的任何一个时间随机地被送到,小明一家在下午 6:00~7:00 之间的任何一个时间随机地开始晚餐.那么晚报在晚餐开始之前被送到的概率是多少?

分析:由于晚报送到和晚饭开始都是随机的,设晚报送到和晚饭开始的时间分别为 x、y,然后把这两个变量所满足的条件写成几何的形式.

解:设晚报送到和晚饭开始的时间分别为 x、y. 用 (x,y) 表示每次试验的结果,则所有可能结果为 $\Omega = \{(x,y) \mid 5:30 \leqslant x \leqslant 6:30, 6 \leqslant y \leqslant 7\}$,即图 17.3.2 中正方形 $ABCD$ 的面积;记晚报在晚餐开始之前被送到为事件 A,则事件 A 的结果可表示为 $A = \{(x,y) \mid 5:30 \leqslant x \leqslant 6:30, 6 \leqslant y \leqslant 7, x \leqslant y\}$,即为图 17.3.2 中阴影部分区域.

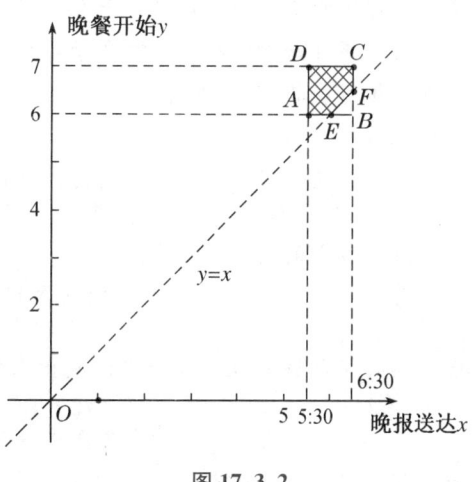

图 17.3.2

分别计算这两部分的面积,得 $S_{ABCD} = 1 \times 1 = 1$,$S_{阴影} = 1 - \frac{1}{2} \times \frac{1}{2} \times \frac{1}{2} = \frac{7}{8}$. 所以所求的概率为 $P = \frac{S_{ABCD}}{S_{阴影}} = \frac{\frac{7}{8}}{1} = \frac{7}{8}$.

随堂练习 ▶

1. 如图,假设你在每个图形上随机撒一粒黄豆,分别计算它落到阴影部分的概率.

2. 如图,如果你向靶子上射 200 镖,镖落在颜色较深的区域概率是多少?

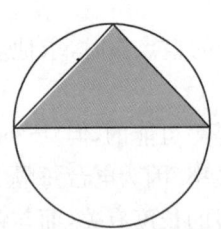 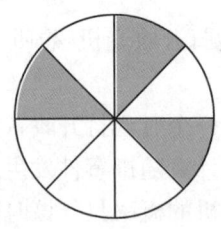 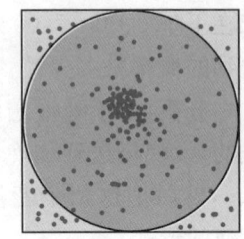

第 1 题图　　　　　　　　　第 2 题图

均匀随机数(random numbers)的产生

对于几何型概率计算问题,是否也可以通过计算机模拟来解决? 下面我们通过一个例子来展示.

在下图的正方形中随机撒一把豆子,计算落在圆中的豆子数与在正方形中的豆子数之比并以此估计圆周率的值.

通过分析可知,随机撒一把豆子,每个豆子落在正方形内任何一点是等可能的,落在每个区域的豆子数与这个区域的面积近似成正比,即

$$\frac{圆的面积}{正方形的面积} \approx \frac{落在圆中的豆子数}{落在正方形中的豆子数}.$$

假设正方形的边长为 2,则

$$\frac{圆的面积}{正方形的面积} = \frac{\pi}{2 \times 2} = \frac{\pi}{4}.$$

由于落在每个区域的豆子数是可以数出来的,所以

$$\pi \approx \frac{落在圆中的豆子数}{落在正方形中的豆子数} \times 4,$$

这样就得到了 π 的近似值.

根据上述思想,我们可以用计算机模拟上述过程,仍然以 Excel 软件为例,步骤如下:

(1) 产生两组 $0 \sim 1$ 区间的均匀随机数,$a_1 = RAND()$,$b_1 = RAND()$,并使得这两列随机数的数量相等,记为 N(N 代表落在正方形中的豆子数).

(2) 经平移和伸缩变换,$a = (a_1 - 0.5) * 2$,$b = (b_1 - 0.5) * 2$;

(3) 数出落在圆内 $a^2 + b^2 < 1$ 的豆子数 N_1,计算 $\pi = \frac{4N_1}{N}$.

可以发现,随着试验次数的增加,得到的 π 的近似值的精度会越来越高.另外,本例题启发我们,利用几何模型,并用随机模拟方法可近似地计算不规则图形的面积.

习题 17.3

A 组

1. 一张方桌的图案如图所示. 将一粒豆子随机地扔到桌面上,假设豆子部落在线上,求下列事件的概率:

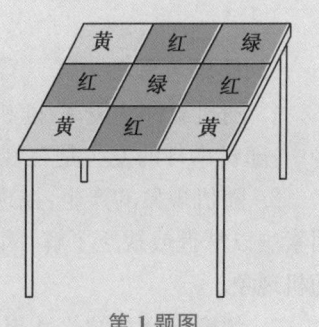

第 1 题图

(1) 豆子落在红色区域;

(2) 豆子落在黄色区域;

(3) 豆子落在绿色区域;

(4) 豆子落在红色或绿色区域;

(5)豆子落在黄色或绿色区域.

2. 一个靶子如图所示. 随机地掷一个飞镖扎在靶子上,假设飞镖既不会落在靶心也不会落在两种颜色之间,求飞镖落在下列区域的概率:

(1) 编号为 25 的区域;

(2) 颜色较浅的区域;

(3) 编号不小于 24 的区域;

(4) 编号在 6 号到 9 号之间的区域;

(5) 编号为奇数的区域.

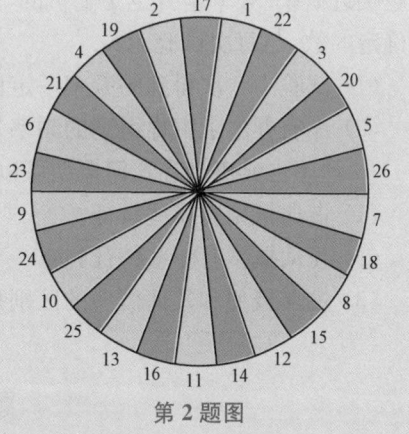

第 2 题图

3. 一个路口的红绿灯,红灯的时间为 30 秒,黄灯的时间为 5 秒,绿灯的时间为 40 秒.当你到达路口时,看见下列三种情况的概率各是多少?

(1) 红灯;　　　　(2) 黄灯;　　　　(3) 不是红灯.

B 组

甲、乙两艘船都要在某个泊位停靠 6 个小时,假定他们在一昼夜的时间段中随机地到达,试求这两艘船中至少有一艘在停靠泊位时必须等待的概率.

小　结

一、本章知识结构

二、回顾与思考

1. 随机事件的概率：随机事件在一次试验中是否发生是不确定的，但在大量重复试验中，随机事件的发生是有规律的，概率就是要寻找这种规律性.

2. 随机现象的产生：在现实中，很多结果的出现受众多随机因素的影响，由于对这些因素难以掌握或缺乏了解，因此，在试验前我们不能确定会出现哪种结果，这样就产生了随机现象.

3. 频率与概率的关系与区别：频率是概率的近似值. 随着试验次数的增加，频率会越来越接近概率. 频率本身也是随机的，两次做同样的事件，会得到不同的结果；而概率是一个确定的数，与每次试验无关.

(1) 试验 100 次得到的频率一定比试验 50 次得到频率更接近概率吗？

(2) 你有办法了解你得到的频率是否接近概率吗？

4. 利用古典概型和几何概型可以求一些随机事件的概率.

(1) 古典概型有哪些特征？

(2) 几何概型有哪些特征？

(3) 古典概型和几何概型的区别是什么？

复习参考题

A 组

1. 在一个袋子中放 9 个白球，1 个红球，摇匀后随机摸出一个球. 重复试验 50 次，求：

(1) 摸到白球的频率，它接近 0.9 吗？

(2) 摸到红球的频率，它接近 0.1 吗？

摸到白球的频率与摸到红球的频率的和等于多少？ 为什么？

2. 某个制药厂正在测试一种减肥新药的疗效，有 500 名志愿者服用此药，结果如下：

体重变化	体重减轻	体重不变	体重增加
人数	274	93	133

如果另有一人服用此药,估计下列事件发生的概率:

(1) 此人的体重减轻;

(2) 此人的体重不变;

(3) 此人的体重增加.

3. 将一枚质地均匀的硬币连续投掷 4 次,出现"2 次正面朝上,2 次反面朝上"和"3 次正面朝上,1 次反面朝上"的概率各是多少?

4. 某校有教职工 500 人,对他们进行年龄状况和受教育程度的调查,其结果如下:

年龄＼受教育程度	高中	专科	本科	研究生	合计
35 岁以下	10	150	50	35	245
35~50 岁	20	100	20	13	153
50 岁以上	30	60	10	2	102

随机地抽取一人,求下列事件的概率:

(1) 50 岁以上具有专科或专科以上学历;

(2) 具有本科学历;

(3) 35 岁以下具有研究生学历;

(4) 50 岁以上.

5. 甲袋中有 3 只白球、7 只红球、15 只黑球;乙袋中有 10 只白球、6 只红球、9 只黑球.现从两袋中各取一球,求两球颜色相同的概率.

6. 有 2 个人在一座 10 层大楼的底层进入电梯,设他们中的每一个人自第二层开始在每一层离开是等可能的,求 2 人在不同层离开的概率.

B 组

1. 掷一枚均匀的硬币 10 次,求出现正面的次数多于反面次数的概率.

2. 分发一副 52 张的扑克牌(不包括大小王),发第 2 张牌是 A 的概率是多少? 第 1 个 A 正好出现在第 2 张的概率是多少?

3. 柜子里有 4 双不同的鞋,随机地取出 4 只,试求下列事件的概率:

(1) 取出的鞋都不成对;　　　　(2) 取出的鞋恰好有两只是成对的;

(3) 取出的鞋至少有两只成对;　　(4) 取出的鞋全部成对.

第十八章　随机变量及其分布

我们知道，概率是描述随机事件发生可能性大小的度量，而且我们也知道了某些简单的概率模型. 例如，在掷一枚质地均匀的硬币的古典概率模型中，关心事件"正面向上"的概率；在掷一枚质地均匀的骰子的古典概率模型中，关心事件"出现 1 点"的概率；在描述新生儿性别的概率模型中，关心事件"新生儿是女孩"的概率……这些不同概率模型中所提及的事件有什么共同特点？ 是不是可以建立一个统一的概率模型来刻画这些随机事件？ 这就需要学习一些关于随机变量及其分布的知识.

把随机试验的结果数量化，用随机变量表示随机试验的结果，就可以利用数学工具来研究所感兴趣的随机现象. 在本章中，我们将学习某些离散型随机变量分布列及其均值、方差等知识，利用离散型随机变量思想描述和分析某些随机现象，进一步体会概率模型的作用及运用概率思想思考和解决问题的特点.

18.1 离散型随机变量及其分布列

18.1.1 离散型随机变量

思考：掷一枚骰子，出现的点数可以用数字 1,2,3,4,5,6 来表示，那么掷一枚硬币的结果是否也可以用数字来表示呢？

掷一枚硬币，可能出现正面向上、反面向上两种结果. 虽然这个随机试验的结果不具有数量性质，但我们可以用数 1 和 0 分别表示正面向上和反面向上（图 18.1.1）.

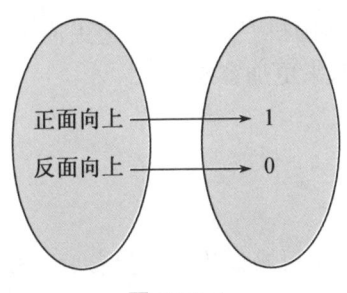

图 18.1.1

在掷骰子和掷硬币的随机试验中，我们确定了一个对应关系，使得每一个试验结果都用一个确定的数字表示. 在这个对应关系下，数字随着试验结果的变化而变化. 像这种随着试验结果变化而变化的变量称为**随机变量**（random variable），随机变量常用字母 X,Y，$\xi,\eta\cdots$表示.

思考：随机变量和函数有类似的地方吗？

随机变量和函数都是一种映射，随机变量把随机试验的结果映为实数，函数把实数映为实数. 在这两种映射之间，试验结果的范围相当于函数的定义域，随机变量的取值范围相当于函数的值域. 我们把随机变量的取值范围叫作随机变量的值域.

例如，在含有 10 件次品的 100 件产品中，任意抽取 4 件，可能含有的次品件数 X 将随着抽取结果的变化而变化，是一个随机变量，其值域是$\{0,1,2,3,4\}$.

利用随机变量可以表达一些事件. 例如$\{X=0\}$表示"抽出 0 件次品"，$\{X=4\}$表示"抽取 4 件次品"等. 你能说出$\{X<3\}$在这里表示什么事件吗？"抽出 3 件以上次品"又如何用 X 表示呢？

所有取值可以一一列出的随机变量，称为**离散型随机变量**（discrete random variable）.

离散型随机变量的例子很多. 例如某人射击一次可能命中的环数 X 是一个离散型随

机变量，它的所有可能取值为 $0,1,\cdots,10$；某网页在 24 小时内被浏览的次数 Y 也是一个离散型随机变量，它的所有可能取值为 $0,1,2,\cdots$．

> **思考**：电灯泡的寿命是离散型随机变量吗？

电灯泡的寿命 X 的可能取值是任何一个非负实数，而所有非负实数不能一一列出，所以 X 不是离散型随机变量．

在研究随机现象时，需要根据所关心的问题恰当地定义随机变量．例如，如果我们仅关心电灯泡的使用寿命是否超过 1000 小时，那么就可以定义如下的随机变量：

$$Y=\begin{cases}0,寿命<1000\ 小时；\\1,寿命\geqslant1000\ 小时．\end{cases}$$

与电灯泡的寿命 X 相比较，随机变量 Y 的构造更简单，它只取两个不同的值 0 和 1，是一个离散型随机变量，研究起来更加容易．

随堂练习 ▶

1. 下列随机试验的结果能否用离散随机变量表示？若能，请写出各随机变量可能的取值并说明这些值所表示的随机试验的结果．

(1) 抛掷两枚骰子，所得点数之和；

(2) 某足球队在 5 次点球中射进的球数；

(3) 任意抽取一瓶某种标有 2500 ml 的饮料，其实际量与规定量之差．

2. 举出两个离散型随机变量的例子．

18.1.2　离散型随机变量的分布列

在抛掷一枚质地均匀的骰子的随机试验中，我们不能预知试验结果，从而也就不能预知随机变量的取值．但是，我们可以通过各点数出现的概率来研究随机变量的变化规律．

用 X 表示骰子向上一面的点数．虽然在抛掷之前，不能确定 X 会取什么值，但运用古典概型的知识可知，它取各个不同值的概率都等于 $\frac{1}{6}$．表 18.1.1 列出了随机变量 X 可能的取值，以及 X 取这些值的概率．

表 18.1.1

X	1	2	3	4	5	6
P	$\frac{1}{6}$	$\frac{1}{6}$	$\frac{1}{6}$	$\frac{1}{6}$	$\frac{1}{6}$	$\frac{1}{6}$

利用表 18.1.1 可以求出能由 X 表示的事件的概率．例如，在这个随机试验中事件 $\{X<3\}=\{X=1\}\bigcup\{X=2\}$，由概率的可加性得

$$P(X<3)=P(X=1)+P(X=2)=\frac{1}{6}+\frac{1}{6}=\frac{1}{3}.$$

类似地,事件{X 为偶数}的概率为

$$P(X\text{ 为偶数})=P(X=2)+P(X=4)+P(X=6)=\frac{1}{2}.$$

表 18.1.1 在描述掷骰子这个随机试验的规律中起着重要作用.

一般地,若离散型随机变量 X 可能取的不同值为

$$x_1,x_2,\cdots,x_i,\cdots,x_n,$$

X 取每一个值 $x_i(i=1,2,\cdots,n)$ 的概率 $P(X=x_i)=p_i$,以表格的形式表示如下:

表 **18.1.2**

X	x_1	x_2	$\cdots$	x_i	$\cdots$	x_n
P	p_1	p_2	$\cdots$	p_i	$\cdots$	p_n

表 18.1.2 称为离散型随机变量 X 的概率分布列(probability distribution series),简称为 X 的分布列(distribution series).有时为了表达简单,也用等式

$$P(X=x_i)=p_i,i=1,2,\cdots,n$$

表示 X 的分布列.

离散型随机变量分布的变化情况可以用图像表示.如在掷骰子实验中,掷出的点数 X 的分布列在直角坐标系中的图像如图 18.1.2.

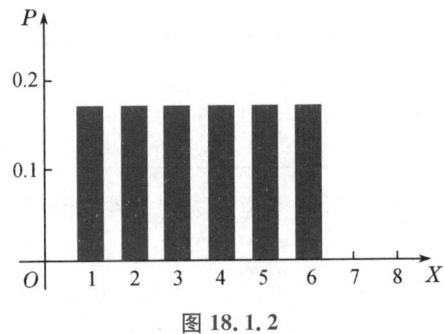

图 **18.1.2**

在图 18.1.2 中,横坐标是随机变量的取值,纵坐标为概率.从中可以看出,X 的取值范围是{1,2,3,4,5,6},它取每个值的概率都是$\frac{1}{6}$.

根据概率的性质,离散型随机变量的分布列具有如下性质:

(1) $p_i\geqslant0,i=1,2,\cdots,n$;

(2) $\sum\limits_{i=1}^{n}p_i=1.$

利用分布列和概率的性质,可以计算出由随机变量表示的事件的概率.

例 1　在掷一枚图钉的随机试验中,令

$$X=\begin{cases}1,\text{针尖向上};\\0,\text{针尖向下}.\end{cases}$$

如果针尖向上的概率为 p,试写出随机变量 X 的分布列.

解:根据分布列的性质,针尖向下的概率是 $(1-p)$. 于是,随机变量 X 的分布列是

X	0	1
P	$1-p$	p

像上面这样的分布列称为两点分布列.

两点分布列的应用非常广泛.如抽取的彩票是否中奖;买回的一件产品是否为正品;新生婴儿的性别;投篮是否命中等,都可以用两点分布列来研究.

如果随机变量 X 的分布列为两点分布列,就称 X 服从两点分布(two-point distribution),而称 $p=P(X=1)$ 为成功概率.

例 2 在含有 5 件次品的 100 件产品中,任取 3 件,试求:

(1) 取到的次品数 X 的分布列;

(2) 至少取到 1 件次品的概率.

解:(1) 由于从 100 件产品中任取 3 件的结果数为 C_{100}^3,从 100 件产品中任取 3 件,其中恰有 k 件次品的结果数为 $C_5^k C_{95}^{3-k}$,那么从 100 件产品中任取 3 件,其中恰有 k 件次品的概率为

$$P(X=k)=\frac{C_5^k C_{95}^{3-k}}{C_{100}^3}, k=0,1,2,3.$$

所以随机变量 X 的分布列是

X	0	1	2	3
P	$\dfrac{C_5^0 C_{95}^3}{C_{100}^3}$	$\dfrac{C_5^1 C_{95}^2}{C_{100}^3}$	$\dfrac{C_5^2 C_{95}^1}{C_{100}^3}$	$\dfrac{C_5^3 C_{95}^0}{C_{100}^3}$

(2) 根据随机变量 X 的分布列,可得到至少取到 1 件次品的概率

$$P(X\geqslant 1)=P(X=1)+P(X=2)+P(X=3)$$

$$\approx 0.13806+0.00588+0.00006$$

$$\approx 0.14400.$$

一般地,在含有 M 件次品的 N 件产品中,任取 n 件,其中恰有 X 件次品数,则事件 $\{X=k\}$ 发生的概率为

$$P(X=k)=\frac{C_M^k C_{N-M}^{n-k}}{C_N^n}, k=0,1,2,\cdots,m,$$

其中 $m=\min\{M,n\}$,且 $n\leqslant N, M\leqslant N, n, M, N\in N^*$. 称分布列

X	0	1	$\cdots$	m
P	$\dfrac{C_M^0 C_{N-M}^{n-0}}{C_N^n}$	$\dfrac{C_M^1 C_{N-M}^{n-1}}{C_N^n}$	$\cdots$	$\dfrac{C_M^m C_N^{n-m}-M}{C_N^n}$

为超几何分布列.如果随机变量 X 的分布列为超几何分布列,则称随机变量 X 服从超几何分布(hypergeometric distribution).

例 3 在某年级的联欢会上设计了一个摸奖游戏,在一个口袋中装有 10 个红球和 20 个白球,这些球除颜色外完全相同. 一次从中摸出 5 个球,至少摸到 3 个红球中奖. 求中奖的概率.

解: 设摸出红区的个数为 X,则 X 服从超几何分布,其中 $N=30,M=10,n=5$. 于是中奖的概率

$$P(X\geqslant3)=P(X=3)+P(X=4)+P(X=5)$$

$$=\frac{C_{10}^3 C_{30-10}^{5-3}}{C_{30}^5}+\frac{C_{10}^4 C_{30-10}^{5-4}}{C_{30}^5}+\frac{C_{10}^5 C_{30-10}^{5-5}}{C_{30}^5}\approx0.191.$$

思考: 如果要将这个游戏的中奖概率控制在 55% 左右,那么应该如何设计中奖规则?

随堂练习 ▶

1. 篮球比赛中每次罚球命中得 1 分,不中得 0 分. 已知某运动员罚球命中的概率为 0.7,求他一次罚球得分的分布列.

2. 抛掷一枚质地均匀的硬币 2 次,写出正面向上次数 X 的分布列.

3. 从一副不含大小王的 52 张扑克牌中任意抽出 5 张,求至少有 3 张 A 的概率.

4. 举出分别服从两点分布、超几何分布的随机变量的例子各一个.

习题 18.1

A 组

1. 下列随机试验的结果能否用离散型随机变量表示? 若能,则写出各随机变量可能的取值,并说明这些值所表示的随机试验的结果:

(1) 从学校回家要经过 5 个红绿灯口,则可能遇到红灯的次数;

(2) 在优、良、中、及格、不及格 5 个等级的测试中,某同学可能取得的成绩.

2. 在某项体能测试中,跑 1 km 成绩在 4 min 之内为优秀. 某同学跑 1 km 所花费的时间 X 是离散型随机变量吗? 如果我们只关心该同学是否能够取得优秀成绩,应该如何定义随机变量?

3. 对于给定的随机试验,定义在其上的任何一个随机变量都可以描述这个随机试验可能出现的所有随机事件吗? 为什么?

4. 某同学求得一离散型随机变量的分布列如下:

X	0	1	2	3
P	0.2	0.3	0.15	0.45

试说明该同学的计算结果是否正确.

5. 某射手射击所得环数 X 的分布列如下:

X	4	5	6	7	8	9	10
P	0.02	0.04	0.06	0.09	0.28	0.29	0.22

如果命中 8～10 环为优秀,那么他射击一次为优秀的概率是多少?

6. 学校要从 30 名候选人中选 10 名同学组成学生会,其中某班有 4 名候选人. 假设每名候选人都有相同的机会被选到,求该班恰有 2 名同学被选到的概率.

B 组

1. 老师要从 10 篇课文中随机抽 3 篇让学生背诵,规定至少要背出其中 2 篇才能及格. 某同学只能背诵其中的 6 篇,试求:

(1) 抽到他能背诵的课文的数量的分布列;

(2) 他能及格的概率.

2. 某种彩票的开奖是从 $1,2,\cdots,36$ 中任意选出 7 个基本号码,凡购买的彩票上的 7 个号码中有 4 个或 4 个以上基本号码就中奖,根据基本号码个数的多少,中奖的等级为:

含有基本号码数	4	5	6	7
中将等级	四等奖	三等奖	二等奖	一等奖

求至少中三等奖的概率.

18.2　二项分布及其应用

18.2.1　条件概率

思考:三张奖券中只有一张能中奖,现分别由三名同学依次抽取,问最后一名同学抽到中奖奖券的概率是否比前两名同学小?

若抽到中奖奖券用"Y"表示,没有抽到用"$\bar{Y}$"表示,那么三名同学的抽奖结果共有三种可能:$Y\bar{Y}\bar{Y}$,$\bar{Y}Y\bar{Y}$和$\bar{Y}\bar{Y}Y$.用 B 表示事件"最后一名同学抽到中奖奖券",则 B 仅包含一个基本事件 $\bar{Y}\bar{Y}Y$.由古典概型计算公式可知,最后一名同学抽到中奖奖券的概率为

$$P(B)=\frac{1}{3}.$$

因为已知第一名同学没有抽到中奖奖券，所以可能出现的基本事件只有$\overline{Y}Y\overline{Y}$和$\overline{Y}\overline{Y}Y$. 而"最后一名同学抽到中奖奖券"包含的基本事件仍是$\overline{Y}\overline{Y}Y$. 由古典概型计算公式可知，最后一名同学抽到中奖奖券的概率为$\frac{1}{2}$，不妨记为$P(B|A)$，其中A表示事件"第一名同学没有抽到中奖奖券".

已知第一名同学的抽奖结果为什么会影响最后一名同学抽到中奖奖券的概率呢？

在这个问题中，知道第一名同学没有抽到中将奖券，等价于知道事件A一定会发生，导致可能出现的基本事件必然在事件A中，从而影响事件B的发生的概率，使得$P(B|A)\neq P(B)$.

用Ω表示三名同学可能抽取的结果全体，则它由三个基本事件组成，即$\Omega=\{Y\overline{Y}\,\overline{Y},\overline{Y}Y\overline{Y},\overline{Y}\overline{Y}Y\}$. 既然已知事件$A$必然发生，那么只需在$A=\{\overline{Y}Y\overline{Y},\overline{Y}\overline{Y}Y\}$的范围内考虑问题，即只有两个基本事件$\overline{Y}Y\overline{Y}$和$\overline{Y}\overline{Y}Y$. 在事件$A$发生的情况下事件$B$发生，等价于事件$A$和事件$B$同时发生，即$AB$发生. 而事件$AB$中仅含一个基本事件$\overline{Y}\overline{Y}Y$，因此

$$P(B|A)=\frac{1}{2}=\frac{n(AB)}{n(A)},$$

其中$n(A)$和$n(AB)$分别表示事件A和事件AB所包含的基本事件个数. 另一方面，根据古典概型的计算公式，

$$P(AB)=\frac{n(AB)}{n(\Omega)},P(A)=\frac{n(A)}{n(\Omega)},$$

其中$n(\Omega)$表示Ω中包含的基本事件个数. 所以，

$$P(B|A)=\frac{n(AB)}{n(A)}=\frac{\dfrac{n(AB)}{n(\Omega)}}{\dfrac{n(A)}{n(\Omega)}}=\frac{P(AB)}{P(A)},$$

因此，可以通过事件A和事件AB的概率来表示$P(B|A)$.

一般地，设A,B为两个事件，且$P(A)>0$，称

$$P(B|A)=\frac{P(AB)}{P(A)}$$

为在事件A发生的条件下，事件B发生的**条件概率**（conditional probability）. $P(B|A)$读作A发生的条件下B发生的概率.

条件概率具有概率的性质，任何事件的条件概率都在0和1之间，即

$$0\leqslant P(B|A)\leqslant 1.$$

如果B和C是两个互斥事件，则

$$P(B \bigcup C \mid A) = P(B \mid A) + P(C \mid A).$$

例 1 在 5 道题中有 3 道理科题和 2 道文科题. 如果不放回地依次抽取 2 道题,求:

(1) 第 1 次抽到理科题的概率;

(2) 第 1 次和第 2 次都抽到理科题的概率;

(3) 在第 1 次抽到理科题的条件下,第 2 次抽到理科题的概率.

解:设第 1 次抽到理科题为事件 A,第 2 次抽到理科题为事件 B,则第 1 次和第 2 次都抽到理科题为事件 AB.

(1) 从 5 道题中不放回地依次抽取 2 道的事件数为

$$n(\Omega) = A_5^2 = 20.$$

根据分步乘法计数原理,$n(A) = A_3^1 \times A_4^1 = 12$. 于是

$$P(A) = \frac{n(A)}{n(\Omega)} = \frac{12}{20} = \frac{3}{5}.$$

(2) 因为 $n(AB) = A_3^2$,所以

$$P(AB) = \frac{n(AB)}{n(\Omega)} = \frac{6}{20} = \frac{3}{10}.$$

(3) **解法 1** 由(1)(2)可得,在第 1 次抽到理科题的条件下,第 2 次抽到理科题的概率为

$$P(B \mid A) = \frac{P(AB)}{P(A)} = \frac{\frac{3}{10}}{\frac{3}{5}} = \frac{1}{2}.$$

解法 2 因为 $n(AB) = 6, n(A) = 12$,所以

$$P(B \mid A) = \frac{n(AB)}{n(A)} = \frac{6}{12} = \frac{1}{2}.$$

例 2 一张储蓄卡的密码共有 6 位数字,每位数字都可以 0~9 中任选一个. 某人在银行自动提款机上取钱时,忘记了密码的最后一位数字,求:

(1) 任意按最后一位数字,不超过 2 次就按对的概率;

(2) 如果他记得密码的最后一位是偶数,不超过 2 次就按对的概率.

解:设第 i 次按对密码为事件 $A_i (i = 1, 2)$,则 $A = A_1 \bigcup (\bar{A}_1 A_2)$ 表示不超过 2 次就按对密码.

(1) 因为事件 A_1 与事件 $\bar{A}_1 A_2$ 互斥,由概率的加法公式得

$$P(A) = P(A_1) + P(\bar{A}_1 A_2) = \frac{1}{10} + \frac{9 \times 1}{10 \times 9} = \frac{1}{5}.$$

(2) 用 B 表示最后一位按偶数的事件,则

$$P(A \mid B) = P(A_1 \mid B) + P(\bar{A}_1 A_2 \mid B) = \frac{1}{5} + \frac{4 \times 1}{5 \times 4} = \frac{2}{5}.$$

随堂练习 ▶

1. 从一副不含大小王的 52 张扑克牌中不放回地抽取 2 次,每次抽取 1 张. 已知第 1

次抽到 A，求第 2 次也抽到 A 的概率.

2. 100 件产品中有 5 件次品，不放回地抽取 2 次，每次抽 1 件. 已知第 1 次抽取的次品，求第 2 次抽出正品的概率.

3. 举出 2 个条件概率的实例.

18.2.2 事件的相互独立性

> **思考:** 三张奖券中只有一张能中奖，现分别由三名同学有放回地抽取，事件 A 为"第一名同学没有抽到中奖奖券"，事件 B 为"最后一名同学抽到中奖奖券". 事件 A 的发生会影响事件 B 发生的概率吗?

虽然，有放回地抽取奖券时，最后一名同学也是从原来的三张奖券中任抽一张，因此第一名同学抽的结果对最后一名同学的抽奖结果没有影响. 即事件 A 的发生不会影响事件 B 发生的概率. 于是

$$P(B|A)=P(B),$$
$$P(AB)=P(A)P(B|A)=P(A)P(B).$$

设 A,B 为两个事件，如果

$$P(AB)=P(A)P(B),$$

则称事件 A 与事件 B **相互独立**（mutually independent）.

可以证明，如果事件 A 与 B 相互独立，那么 A 与 $\bar{B}$，$\bar{A}$ 与 B，$\bar{A}$ 与 $\bar{B}$ 也都相互独立.

例 3 某商场推出两次开奖活动，凡购买一定价值的商品可以获得一张奖券. 奖券上有一个兑奖号码，可以分别参加两次抽奖方式相同的兑奖活动. 如果两次兑奖活动的中奖概率都是 0.05，求两次抽奖中以下事件的概率:

（1）都抽到某一指定号码;

（2）恰有一次抽到某一指定号码;

（3）至少有一次抽到某一指定号码.

解:（1）记"第一次抽奖抽到某一指定号码"为事件 A，"第二次抽奖抽到某一指定号码"为事件 B，则"两次抽奖都抽到某一指定号码"就是事件 AB. 由于两次抽奖结果互不影响，因此 A 与 B 相互独立. 于是由独立性可得，两次抽奖都抽到某一指定号码的概率

$$P(AB)=P(A)P(B)=0.05\times0.05=0.0025.$$

（2）"两次抽奖恰有一次抽到某一指定号码"可以用 $(A\bar{B})\bigcup(\bar{A}B)$ 表示. 由于事件 $A\bar{B}$ 与 $\bar{A}B$ 互斥，根据概率加法公式和相互独立事件的定义，所求的概率为

$$P(A\bar{B}\bigcup\bar{A}B)=P(A\bar{B})+P(\bar{A}B)=P(A)P(\bar{B})+P(\bar{A}B)$$
$$=0.05\times(1-0.05)+(1-0.05)\times0.05$$
$$=0.095.$$

（3）"两次抽奖至少有一次抽到某一指定号码"可以用 $(AB)\bigcup(A\bar{B})\bigcup(\bar{A}B)$ 表示. 由于事件 AB，$A\bar{B}$ 与 $\bar{A}B$ 两两互斥，根据概率加法公式和相互独立事件的定义，所求的概率为

$$P(AB\cup A\bar{B}\cup \bar{A}B)=P(AB)+P(A\bar{B})+P(\bar{A}B)=0.0025+0.095=0.0975.$$

思考：两次开奖至少中一次的概率是一次开奖中奖概率的两倍吗？为什么？

随堂练习 ▶

1. 分别抛掷 2 枚质地均匀的硬币，设 A 是事件"第 1 枚为正面"，B 是事件"第 2 枚为正面"，C 是事件"2 枚结果相同"．问：A,B,C 中哪两个相互独立？

2. 一个口袋内装有 2 个白球和 2 个黑球，那么

(1) 先摸出 1 个白球不放回，再摸出 1 个白球的概率是多少？

(2) 先摸出 1 个白球后放回，再摸出 1 个白球的概率是多少？

3. 天气预报，在元旦假期甲地的降雨概率是 0.2，乙地的降雨概率是 0.3．假定在这段时间内两地是否降雨相互之间没有影响，计算在这段时间内：

(1) 甲、乙两地都降雨的概率；

(2) 甲、乙两地都不降雨的概率；

(3) 其中至少一个地方降雨的概率．

这样的买彩票，方式可行吗？

某地"36 选 7"电脑福利彩票的投注方式是，从 36 个号码中选择 7 个号码为 1 注，每注金额为人民币 2 元．中奖号码由 6 个基本号码和 1 个特别号码组成，投注者根据当期彩票上的投注号码与中奖号码相符的个数多少（顺序不限），确定相应的中奖等级．中奖规定如下：

中奖等级	中奖号码	
	基本号码	特别号码
一等奖	6 个	1 个
二等奖	6 个	
三等奖	5 个	1 个
四等奖	5 个	
五等奖	4 个	1 个
六等奖	4 个	
	3 个	1 个

某期彩票一等奖的累计金额已达到 2500 万元．如果彩票上的 7 个投注号码正好与中

奖号码相同,就能中这份大奖.因为共有
$$C_{36}^7 = 8347680$$
组号码可供选择,所以若只买一张彩票,中大奖的可能性极小.

有人建议,筹集 16695360 元资金,买下所有可能是一等奖号码的彩票,就一定会有很大的获利.结合实际情况,运用所学的概率知识分析,这样的建议可行吗?

18.2.3　独立重复实验与二项分布

在研究随机现象时,经常要在相同的条件下重复做大量实验来发现规律.例如要研究掷硬币结果的规律,需要做大量的掷硬币实验.显然,在 n 次重复掷硬币的过程中,各次掷硬币实验的结果都不会受其他掷硬币实验的影响,即

$$P(A_1 A_2 \cdots A_n) = P(A_1) P(A_2) \cdots P(A_n) \tag{1}$$

其中 $A_i (i = 1, 2, \cdots, n)$ 是第 i 次实验的结果.

一般地,在相同条件下重复做的 n 次实验称为 n 次独立重复实验(independent and repeated trials).

在 n 次独立重复实验中,"在相同的条件下"等价于各次实验的结果不会受其他实验的影响,即(1)式成立.

> **探究**:投掷一枚图钉,设针尖向上的概率为 p,则针尖向下的概率为 $q = 1 - p$,连续掷一枚图钉 3 次,仅出现 1 次针尖向上的概率是多少?

连续掷一枚图钉 3 次,就是做 3 次独立重复实验.用 $A_i (i = 1, 2, \cdots, n)$ 表示第 i 次掷得针尖向上的事件,用 B_1 表示"仅出现一次针尖向上"的事件,则

$$B_1 = (A_1 \bar{A}_2 \bar{A}_3) \bigcup (\bar{A}_1 A_2 \bar{A}_3) \bigcup (\bar{A}_1 \bar{A}_2 A_3).$$

由于事件 $A_1 \bar{A}_2 \bar{A}_3$,$\bar{A}_1 A_2 \bar{A}_3$ 和 $\bar{A}_1 \bar{A}_2 A_3$ 彼此互斥,由概率加法公式得

$$P(B_1) = P(A_1 \bar{A}_2 \bar{A}_3) + P(\bar{A}_1 A_2 \bar{A}_3) + P(\bar{A}_1 \bar{A}_2 A_3)$$
$$= q^2 p + q^2 p + q^2 p = 3q^2 p.$$

所以,连续掷一枚图钉 3 次,仅出现 1 次针尖向上的概率是 $3q^2 p$.

> **思考**:上面我们利用掷 1 次图钉,针尖向上的概率为 p,求出了连续掷 3 次图钉,仅出现 1 次针尖向上的概率.类似地,连续掷 3 次图钉,出现 $k (0 \leqslant k \leqslant 3)$ 次针尖向上的概率是多少? 你能发现其中的规律吗?

对于任何 $0 \leqslant k \leqslant 3$,用 B_k 表示连续掷一枚图钉 3 次,出现 k 次针尖向上的事件.类似于前面的讨论,可以得到:

$$P(B_0) = P(\bar{A}_1 \bar{A}_2 \bar{A}_3) = q^3,$$
$$P(B_1) = P(A_1 \bar{A}_2 \bar{A}_3) + P(\bar{A}_1 A_2 \bar{A}_3) + P(\bar{A}_1 \bar{A}_2 A_3) = 3q^2 p,$$
$$P(B_2) = P(A_1 A_2 \bar{A}_3) + P(\bar{A}_1 A_2 A_3) + P(A_1 \bar{A}_2 A_3) = 3q p^2,$$
$$P(B_3) = P(A_1 A_2 A_3) = p^3.$$

仔细观察上述等式，可以发现
$$P(B_k)=C_3^k p^k q^{3-k},k=0,1,2,3.$$

一般地，在 n 次独立重复实验中，设事件 A 发生的次数为 X，在每次实验中事件 A 发生的概率为 p，那么在 n 次独立重复实验中，事件 A 恰好发生 k 次的概率为
$$P(X=k)=C_n^k p^k (1-p)^{n-k},k=0,1,2,\cdots,n.$$

此时称随机变量 X 服从二项分布（binomial distribution），记作 $X\sim B(n,p)$，并称 p 为成功概率.

思考：二项分布与两点分布有何关系？

例4　某射手每次射击击中目标的概率是 0.8，求这名射手在 10 次射击中，

（1）恰有 8 次击中目标的概率；

（2）至少有 8 次击中目标的概率.（结果保留两位有效数字）

解：设 X 为击中目标的次数，则 $X\sim B(10,0.8)$.

（1）在 10 次射击中，恰有 8 次击中目标的概率为
$$P(X=8)=C_{10}^8 \times 0.8^8 \times (1-0.8)^{10-8}\approx 0.30.$$

（2）在 10 次射击中，至少有 8 次击中目标的概率为
$$P(X\geqslant 8)=P(X=8)+P(X=9)+P(X=10)$$
$$=C_{10}^8 \times 0.8^8 \times (1-0.8)^{10-8}+C_{10}^9 \times 0.8^9 \times (1-0.8)^{10-9}+$$
$$C_{10}^{10} \times 0.8^{10} \times (1-0.8)^{10-10}$$
$$\approx 0.68.$$

思考：如果 $X\sim B(n,p)$，其中 $0<p<1$，那么当 k 由 0 增大到 n 时，$P(X=k)$ 是怎样变化的？ k 取何值时，$P(X=k)$ 最大？

随堂练习 ▶

1. 生产一种产品共需 5 道工序，其中 $1\sim 5$ 道工序的生产合格率分别为 $96\%,99\%,98\%,97\%,96\%$. 现从成品中任意抽取 1 件，抽到合格品的概率是多少？

2. 将一枚硬币连续抛掷 5 次，求正面向上的次数 X 的分布列.

3. 若某射手每次射击击中目标的概率是 0.9，每次射击的结果相互独立，那么在他连续 4 次的射击中，第 1 次未击中目标，但后 3 次都击中目标的概率是多少？

4. 举出 2 个服从二项分布的随机变量的实例.

习题 18.2

A 组

1. 某盏吊灯上并联着 3 个灯泡. 如果在某段时间内每个灯泡能正常照明的概率都是 0.7,那么在这段时间内吊灯能照明的概率是多少?

2. 一个箱子中装有 $2n$ 个白球和 $(2n-1)$ 个黑球,一次摸出 n 个球.

(1) 求摸到的都是白球的概率;

(2) 在已知它们的颜色相同的情况下,求该颜色是白色的概率.

3. 如果生男孩和生女孩的概率相等,求有 3 个小孩的家庭中至少有 2 个女孩的概率.

4. 设事件 A,B,C 满足条件 $P(A)>0,B$ 和 C 互斥,试证明

$$P(B\cup C|A)=P(B|A)+P(C|A).$$

B 组

1. 甲、乙两选手比赛,假设每局比赛甲胜的概率为 0.6,乙胜的概率为 0.4,那么采取 3 局 2 胜制还是采用 5 局 3 胜制对甲更有利? 你对局制长短的设置有何认识?

2. 学校游园活动有这样一个项目:甲箱子里装 3 个白球,2 个黑球,乙箱子里装 2 个白球,2 个黑球,从这两个箱子里分别摸出 1 个球,如果它们都是白球则获奖. 有人认为,两个箱子里装的白球比黑球多,所以获奖的概率大于 0.5. 你认为呢?

3. 某批 n 件产品的次品率为 2%,现从中任意地依次抽取 3 件进行检验. 问:

(1) 当 $n=500,5000,50000$ 时,分别以放回和不放回的方式抽取,恰好抽到 1 件次品的概率各是多少?

(2) 根据(1),你对超几何分布与二项分布的关系有何认识?

18.3　离散型随机变量的均值与方差

对于离散型随机变量,可以由它的概率分布列确定与该随机变量相关事件的概率. 但在实际问题中,有时我们更感兴趣的是随机变量的某些数字特征. 例如,要了解某班同学在一次数学测验中的总体水平,很重要的是看平均分;要了解某班同学数学成绩是否"两极分化",则需要考察这个班数学成绩的方差.

18.3.1　离散型随机变量的均值

思考:某商场要将单价分别为 18 元/千克,24 元/千克,36 元/千克的 3 种糖果按 3:2:1 的比例混合销售,如何对混合糖果定价才合理?

由于平均在每 1 千克的混合糖果中，3 种糖果的质量分别是 $\frac{1}{2}$ 千克，$\frac{1}{3}$ 千克和 $\frac{1}{6}$ 千克，所以混合糖果的合理价格应该是

$$18 \times \frac{1}{2} + 24 \times \frac{1}{3} + 36 \times \frac{1}{6} = 23(元/千克).$$

它是三种糖果价格的一种加权平均，这里的权数分别是 $\frac{1}{2}$，$\frac{1}{3}$ 和 $\frac{1}{6}$.

思考：如果混合糖果中每一颗糖果的质量都相等，你能解释权数的实际含义吗？

根据古典概型，在混合糖果中，任取一颗糖果，这颗糖果为第一种糖果的概率为 $\frac{1}{2}$，为第二种糖果的概率为 $\frac{1}{3}$，为第三种糖果的概率为 $\frac{1}{6}$，即取出的这颗糖果的价格为 18 元/千克，24 元/千克或 36 元/千克的概率分别为 $\frac{1}{2}$，$\frac{1}{3}$ 和 $\frac{1}{6}$. 用 X 表示这颗糖果的价格，则它是一个离散型随机变量，其分布列为

X	18	24	36
P	$\frac{1}{2}$	$\frac{1}{3}$	$\frac{1}{6}$

因此权数恰好是随机变量 X 的分布列. 这样，每千克混合糖果的合理价格可以表示为

$$18 \times P(X=18) + 24 \times P(X=24) + 36 \times P(X=36).$$

一般地，若离散型随机变量 X 的分布列为

X	x_1	x_2	$\cdots$	x_i	$\cdots$	x_n
P	p_1	p_2	$\cdots$	p_i	$\cdots$	p_n

则称

$$EX = x_1 p_1 + x_2 p_2 + \cdots + x_i p_i + \cdots + x_n p_n$$

为随机变量 X 的**均值**(mean)或**数学期望**(mathematical expectation). 它反映了离散型随机变量取值的平均水平.

若 $Y = aX + b$，其中 a, b 为常数，则 Y 也是随机变量，因为

$$P(Y = ax_i + b) = P(X = x_i), i = 1, 2, \cdots, n,$$

所以，Y 的分布列为

Y	ax_1+b	ax_2+b	$\cdots$	ax_i+b	$\cdots$	ax_n+b
P	p_1	p_2	$\cdots$	p_i	$\cdots$	p_n

于是

$$\begin{aligned} EY &= (ax_1+b)p_1 + (ax_2+b)p_2 + \cdots + (ax_i+b)p_i + \cdots + (ax_n+b)p_n \\ &= a(x_1 p_1 + x_2 p_2 + \cdots + x_i p_i + \cdots + x_n p_n) + b(p_1 + p_2 + \cdots + p_i + \cdots + p_n) \\ &= aEX + b, \end{aligned}$$

即
$$E(aX+b)=aEX+b.$$

例1 在篮球比赛中,罚球命中1次得1分,不中得0分.如果某运动员罚球命中的概率为0.7,那么他罚球1次的得分 X 的均值是多少?

解:因为 $P(X=1)=0.7,P(X=0)=0.3$,所以
$$EX=1\times P(X=1)+0\times P(X=0)=1\times0.7+0\times0.3=0.7.$$

一般地,如果随机变量 X 服从两点分布,那么
$$EX=1\times p+0\times(1-p)=p.$$

于是有

若 X 服从两点分布,则 $EX=p$.

如果 $X\sim B(n,p)$,则由 $k\mathrm{C}_n^k=n\mathrm{C}_{n-1}^{k-1}$,可得
$$EX = \sum_{k=0}^{n}k\mathrm{C}_n^k p^k q^{n-k} = \sum_{k=1}^{n}np\mathrm{C}_{n-1}^{k-1}p^{k-1}q^{n-1-(k-1)}$$
$$= np\sum_{k=0}^{n-1}\mathrm{C}_{n-1}^k p^k q^{n-1-k} = np.$$

于是有

若 $X\sim B(n,p)$,则 $EX=np$.

思考:随机变量的均值与样本的平均值有何联系与区别?

可以发现,随机变量的均值是常数,而样本的平均值是随着样本的不同而变化的,因此样本均值是随机变量.对于简单随机样本,随着样本容量的增加,样本平均值越来越接近于总体均值.因此,我们常用样本均值来估计总体均值.

例2 一次单元测验由20个选择题构成,每个选择题有4个选项,其中仅有一个选项正确.每题选对得5分,不选或选错不得分,满分100分.学生甲选对任意一题的概率为0.9,学生乙则在测验中对每题都从各选项中随机地选择一个.分别求学生甲和学生乙在这次测验中的成绩的均值.

解:设学生甲和学生乙在这次单元测验中选对的题数分别是 X_1 和 X_2,则 $X_1\sim B(20,0.9)$,$X_2\sim B(20,0.25)$.所以
$$EX_1=20\times0.9=18,$$
$$EX_2=20\times0.25=5.$$

由于每题选对得5分,所以学生甲和学生乙在这次测验中的成绩分别是 $5X_1$ 和 $5X_2$.这样,他们在测验中的成绩的期望分别是
$$E(5X_1)=5EX_1=5\times18=90,$$
$$E(5X_2)=5EX_2=5\times5=25.$$

思考:学生甲在这次单元测试中的成绩一定会是90分吗?他的均值为90分的含义是什么?

例3 根据气象预报，某地区近期有小洪水的概率为 0.25，有大洪水的概率为 0.01. 该地区某工地上有一台大型设备，遇到大洪水时要损失 60000 元，遇到小洪水时要损失 10000 元. 为保护设备，有以下 3 种方案：

方案 1：运走设备，搬运费为 3800.

方案 2：建保护围墙，建设费为 2000 元. 但围墙只能防小洪水.

方案 3：不采取措施，希望不发生洪水.

解：用 X_1、X_2 和 X_3 分别表示三种方案的损失.

采用第 1 种方案，无论有无洪水，都损失 3800 元，即

$$X_1 = 3800.$$

采用第 2 种方案，遇到大洪水时，损失 $2000 + 60000 = 62000$ 元；没有遇到大洪水时，损失 2000 元，即

$$X_2 = \begin{cases} 62000, & \text{有大洪水；} \\ 2000, & \text{无大洪水.} \end{cases}$$

同样，采用第 3 种方案，有

$$X_3 = \begin{cases} 60000, & \text{有大洪水；} \\ 10000, & \text{有小洪水；} \\ 0, & \text{无洪水.} \end{cases}$$

于是，

$$EX_1 = 3800,$$

$$EX_2 = 62000 \times P(X_2 = 62000) + 2000 \times P(X_2 = 2000)$$
$$= 62000 \times 0.01 + 2000 \times (1 - 0.01) = 2600.$$

$$EX_3 = 60000 \times P(X_3 = 60000) + 10000 \times P(X_3 = 10000) + 0 \times P(X_3 = 0)$$
$$= 60000 \times 0.01 + 10000 \times 0.25 = 3100.$$

采取方案 2 的平均损失最小，所以可以选择方案 2.

值得注意的是，上述结论是通过比较"平均损失"而得出的. 一般地，我们可以这样来理解"平均损失"：假设问题中的气象情况多次发生，那么采用方案 2 将会使损失减到最小. 由于洪水是否发生以及洪水发生的大小都是随机的，所以对于个别的一次决策，采用方案 2 也不一定是最好的.

随堂练习

1. 离散型随机变量的期望一定是它在实验中出现的概率最大的值吗？根据具体实例加以说明.

2. 已知随机变量 X 的分布列是

X	0	1	2	3	4	5
P	0.1	0.2	0.3	0.2	0.1	0.1

求 EX.

3. 抛掷一枚硬币,规定正面向上得 1 分,反面向上得 −1 分,求得分 X 的均值.

4. 同时抛掷 5 枚质地均匀的硬币,求出现正面向上的硬币数 X 的均值.

18.3.2　离散型随机变量的方差

探究: 要从两名同学中挑出一名,代表班级参加射击比赛. 根据以往的成绩记录,第一名同学击中目标靶的环数 X_1 的分布列为

X_1	5	6	7	8	9	10
P	0.03	0.09	0.20	0.31	0.27	0.10

第二名同学击中目标靶的环数 X_2 的分布列为

X_2	5	6	7	8	9
P	0.01	0.05	0.20	0.41	0.33

请问应该派哪名同学参加比赛?

根据已学知识,可以从平均中靶数来比较两名同学射击水平的高低,即通过比较 X_1 和 X_2 的均值来确定两名同学射击水平的高低,通过计算

$$EX_1 = 8, EX_2 = 8,$$

发现两个均值相等,因此只能根据均值不能区分这两名同学的射击水平.

思考: 除了平均中靶数以外,还有其他刻画两名同学各自射击特点的指标吗?

图 18.3.1 中(1)(2)分别是 X_1 和 X_2 的分布列图. 比较两个分布列图形,可以发现,第二名同学的射击成绩更集中在 8 环,即第二名同学的射击成绩更稳定.

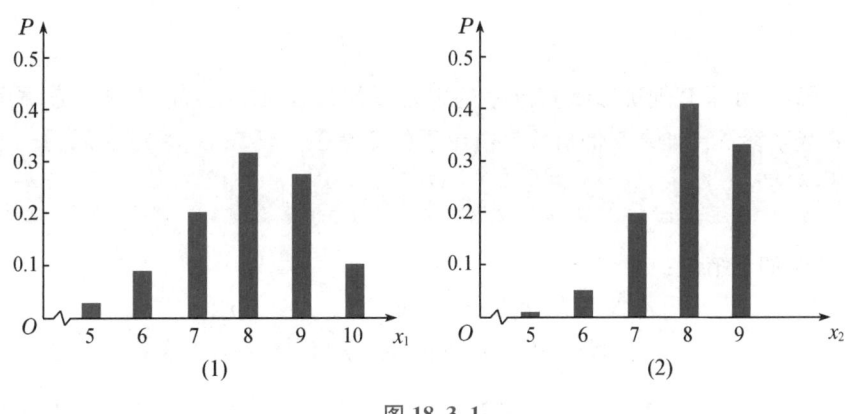

(1)　　　　　　　　　(2)

图 18.3.1

思考：怎样定量刻画随机变量的稳定性？

我们知道，样本方差反映了所有样本数据与样本平均值的偏离程度，用它可以刻画样本数据的稳定性. 一个自然的想法是，能否用一个与样本方差类似的量来刻画随机变量的稳定性呢？

设离散型随机变量 X 的分布列为

X	x_1	x_2	$\cdots$	x_i	$\cdots$	x_n
P	p_1	p_2	$\cdots$	p_i	$\cdots$	p_n

则 $(x_i - EX)^2$ 描述了 $x_i(i=1,2,\cdots,n)$ 相对于均值 EX 的偏离程度. 而

$$DX = \sum_{i=1}^{n} (x_i - EX)^2 p_i$$

为这些偏离程度的加权平均，刻画了随机变量 X 与其均值 EX 的平均偏离程度. 我们称 DX 为随机变量 X 的方差（variance），其算术平方根 $\sqrt{DX}$ 为随机变量 X 的标准差（standard deviation），记作 σX.

随机变量的方差是常数，而样本的方差是随着样本的不同而变化的，样本方差是随机变量. 对于简单随机样本，随着样本容量的增加，样本方差越来越接近于总体方差. 因此，我们常用样本方差来估计总体方差.

现在，可以用两名同学射击成绩的方差来刻画他们各自的特点，为选派选手提供依据. 由前面的计算结果及方差的定义，得

$$DX_1 = \sum_{i=5}^{10} (i-8)^2 P(X_1 = i) = 1.50,$$

$$DX_2 = \sum_{i=5}^{9} (i-8)^2 P(X_2 = i) = 0.82.$$

因此第一名同学的射击成绩稳定性较差，第二名同学的射击成绩稳定性较好，稳定于 8 环左右.

思考：如果其他班级参赛选手的射击成绩都在 9 环左右，本班应该派哪一名选手参赛？ 如果其他班级参赛选手的成绩在 7 环左右，又应该派哪一名选手参赛？

可以证明如下结论：

若 X 服从两点分布，则 $DX = p(1-p)$.

若 $X \sim B(n,p)$，则 $DX = np(1-p)$.

探究：你能证明下面结论吗？

$$D(aX+b) = a^2 DX$$

例 4 随机抛掷一枚质地均匀的骰子,求向上一面的点数 X 的均值、方差和标准差.

解:抛掷骰子所得点数 X 的分布列为

X	1	2	3	4	5	6
P	$\frac{1}{6}$	$\frac{1}{6}$	$\frac{1}{6}$	$\frac{1}{6}$	$\frac{1}{6}$	$\frac{1}{6}$

从而

$$EX = 1 \times \frac{1}{6} + 2 \times \frac{1}{6} + 3 \times \frac{1}{6} + 4 \times \frac{1}{6} + 5 \times \frac{1}{6} + 6 \times \frac{1}{6} = 3.5;$$

$$DX = (1-3.5)^2 \times \frac{1}{6} + (2-3.5)^2 \times \frac{1}{6} + (3-3.5)^2 \times \frac{1}{6} + (4-3.5)^2 \times \frac{1}{6} +$$

$$(5-3.5)^2 \times \frac{1}{6} + (6-3.5)^2 \times \frac{1}{6}$$

$$\approx 2.92;$$

$$\sigma X = \sqrt{DX} \approx 1.71.$$

例 5 有甲乙两个单位都愿意聘用你,而你能获得如下信息:

甲单位不同职位月工资 X_1/元	1200	1400	1600	1800
获得相应职位的概率 P_1	0.4	0.3	0.2	0.1

乙单位不同职位月工资 X_2/元	1000	1400	1800	2200
获得相应职位的概率 P_2	0.4	0.3	0.2	0.1

根据工资待遇的差异情况,你愿意选择哪家单位?

解:根据月工资的分布列,计算可得

$$EX_1 = 1200 \times 0.4 + 1400 \times 0.3 + 1600 \times 0.2 + 1800 \times 0.1 = 1400,$$

$$DX_1 = (1200-1400)^2 \times 0.4 + (1400-1400)^2 \times 0.3 + (1600-1400)^2 \times 0.2 +$$

$$(1800-1400)^2 \times 0.1$$

$$= 40000;$$

$$EX_2 = 1000 \times 0.4 + 1400 \times 0.3 + 1800 \times 0.2 + 2200 \times 0.1 = 1400,$$

$$DX_2 = (1000-1400)^2 \times 0.4 + (1400-1400)^2 \times 0.3 + (1800-1400)^2 \times 0.2 +$$

$$(2200-1400)^2 \times 0.1$$

$$= 160000.$$

因为 $EX_1 = EX_2$,$DX_1 < DX_2$,所以两家单位的工资均值相等,但甲单位不同职位的工资相对集中,乙单位不同职位的工资相对分散. 这样,如果你希望不同职位的工资差距小一些,就选择甲单位;如果你希望不同职位的工资差距大一些,就选择乙单位.

随堂练习 ▶

1. 已知随机变量 X 的分布列

X	0	1	2	3	4
P	0.1	0.2	0.4	0.2	0.1

求 DX 和 σX.

2. 若随机变量 X 满足 $P(X=c)=1$，其中 c 为常数，求 DX.

习题 18.3

A 组

1. 已知随机变量 X 的分布列

X	−2	1	3
P	0.16	0.44	0.40

求 $EX, E(2X+5), DX, \sigma X$.

2. 一名射手击中靶心的概率是 0.9. 如果他在同样的条件下连续射击 10 次，求他击中靶心的次数的均值.

3. 现要发行 10000 张彩票，其中中奖金额为 2 元的彩票 1000 张，10 元的彩票 300 张，50 元的彩票 100 张，100 元的彩票 50 张，1000 元的彩票 5 张. 问 1 张彩票可能中奖金额的均值是多少元？

4. 甲、乙两名射手在同一条件下射击，所得环数 X_1, X_2 的分布列分别是

X_1	6	7	8	9	10
P	0.16	0.14	0.42	0.1	0.18

X_2	6	7	8	9	10
P	0.19	0.24	0.12	0.28	0.17

根据环数的期望和方差比较这两名射手的射击水平.

B 组

1. 抛掷两枚骰子，当至少有一枚 5 点或一枚 6 点出现时，就说这次试验成功，求在 30 次实验中成功次数 X 的期望.

2. 一台机器在一天内发生故障的概率为 0.1,若这台机器一周 5 各工作日不发生故障,可获利 5 万元;发生 1 次故障,可获利 2.5 万元;发生两次故障的利润为 0 元;发生 3 次或 3 次以上故障要亏损 1 万元. 问这台机器一周内可能获利的均值是多少?

18.4　正态分布

你见过高尔顿板吗? 图 18.4.1 所示的就是一块高尔顿板示意图. 在一块木板上钉着若干排相互平行但相互错开的圆柱形小木块,小木块之间留有适当的空隙作为通道,前面挡有一块玻璃. 让一个小球从高尔顿板上方的通道口落下,小球在下落的过程中与层层小木块碰撞,最后掉入高尔顿板下方的某一球槽内.

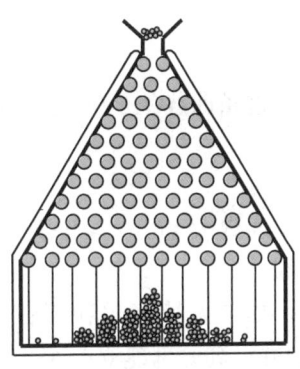

图 18.4.1

如果把球槽编号,就可以考察球到底是落在第几号球槽中. 重复进行高尔顿板试验,随着试验次数的增加,掉入各个球槽内的小球的个数就会越来越多,堆积的高度也会越来越高. 各个球槽内的堆积高度反映了小球掉入各个球槽的个数多少.

为了更好地考察随着试验次数的增加,落在各个球槽内的小球分布情况,我们进一步从频率的角度探究以下小球的分布规律. 以球槽的编号为横坐标,以小球落入各个球槽内的频率值为纵坐标,可以画出频率分布直方图(图 18.4.2).

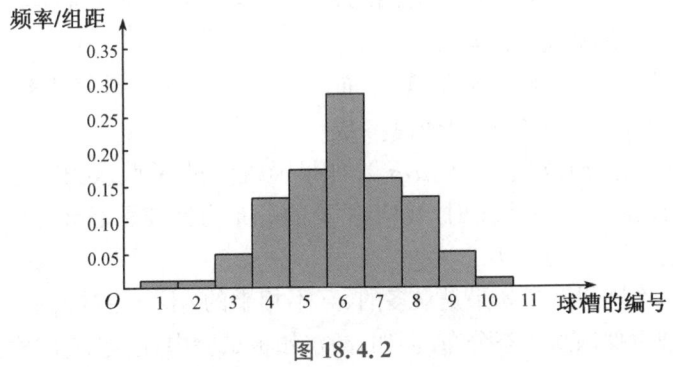

图 18.4.2

随着重复次数的增加,这个频率直方图的形状会越来越像一条钟形曲线(图 18.4.3).

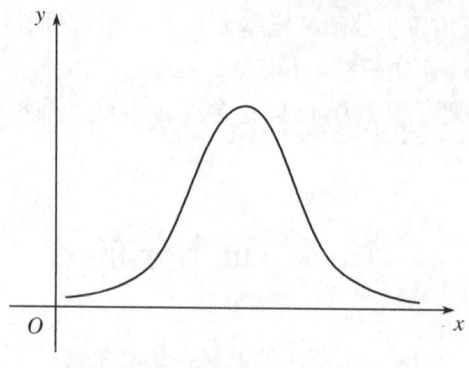

图 18.4.3

这条曲线就是(或近似的是)下列函数的图像：

$$\varphi_{\mu,\sigma}(x)=\frac{1}{\sqrt{2\pi}\sigma}e^{-\frac{(x-\mu)^2}{2\sigma^2}}, x\in(-\infty,+\infty)$$

其中实数 μ 和 $\sigma(\sigma>0)$ 为参数. 我们称 $\varphi_{\mu,\sigma}(x)$ 的图像为**正态分布密度曲线**，简称**正态曲线**.

如果去掉高尔顿板试验中最下边的球槽，并沿其底部建立一个水平坐标轴，其刻度单位为球槽的宽度，用 X 表示落下的小球第 1 次于高尔顿板底部接触时的坐标，则 X 是一个随机变量. X 落在区间 $(a,b]$ 的概率为 P $(a<X\leqslant b)$，即由正态曲线，过点 $(a,0)$ 和点 $(b,0)$ 的两条 x 轴的垂线，及 x 轴围成的平面图形的面积(图 18.4.4 中阴影部分的面积)，就是 X 落在区间 $(a,b]$ 的概率的近似值.

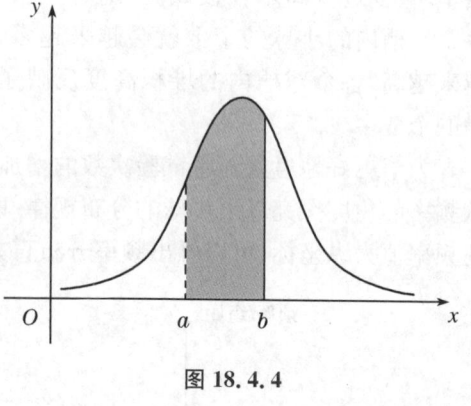

图 18.4.4

此时，我们称 X 的分布为**正态分布** (normal distribution). 正态分布完全由参数 μ 和 σ 确定，因此正态分布常记作 $N(\mu,\sigma^2)$. 如果随机变量 X 服从正态分布，则记为 $X\sim N(\mu,\sigma^2)$. 特别的，当 $\mu=0,\sigma^2=1$ 时，我们称 X 的分布为**标准正态分布**(standard normal distribution)，记为 $X\sim N(0,1)$.

经验表明，一个随机变量如果是众多的、互不相干的，不分主次的偶然因素作用结果之和，它就服从或近似服从正态分布. 例如，高尔顿板试验中，小球在下落过程中要与众多小木板发生碰撞，每次碰撞的结果使得小球随机地向左或向右下落，因此小球第 1 次与高尔顿板底部接触时的坐标 X 是众多随机碰撞的结果，所以它近似服从正态分布.

在现实生活中，很多随机变量都服从或近似地服从正态分布. 例如长度测量误差；某一地区同龄人群的身高、体重、肺活量等；一定条件下生长的小麦的株高、穗长、单位面积产量等；正常条件下各种产品的质量指标(如零件的尺寸、电容器的电容量、电子管的使用寿命等)；某地每年七月份的平均气温、平均湿度、降雨量等；一般都服从正态分布.

因此,正态分布广泛存在于自然现象、生产和生活实际之中. 正态分布在概率和统计中占有重要的地位.

思考:观察图 18.4.4,结合 $\varphi_{\mu,\sigma}(x)$ 的解析式及概率的性质,你能说说正态曲线的特点吗?

可以发现,正态曲线有以下特点:

(1) 曲线位于 x 轴上方,与 x 轴不相交;

(2) 曲线是单峰的,它关于直线 $x=\mu$ 对称;

(3) 曲线在 $x=\mu$ 处达到峰值 $\dfrac{1}{\sqrt{2\pi}\sigma}$;

(4) 曲线与 x 轴之间的面积为 1.

因为正态分布完全由 μ 和 σ 确定,所以可以通过研究 μ 和 σ 对正态曲线的影响,来认识正态曲线的特点. 不妨先固定 σ 的值,做出 μ 取不同值的图像,如图 18.4.5 中的(1);再固定 μ 的值,做出 σ 取不同值的图像,如图 18.4.5 中的(2).

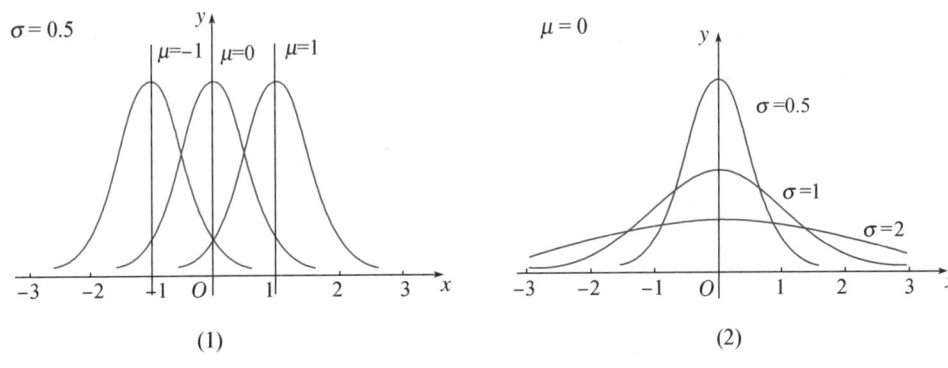

图 18.4.5

由上述过程还可以发现正态曲线的下属特点:

(5) 当 σ 一定时,曲线随着 μ 的变化而沿 x 轴平移;

(6) 当 μ 一定时,曲线的形状由 σ 确定. σ 越小,曲线越"瘦高",表示总体的分布越集中;σ 越大,曲线越"矮胖",表示总体的分布越分散.

进一步,若 $X\sim N(\mu,\sigma^2)$,则对于任何实数 $a>0$,概率 $P(\mu-a<X\leqslant\mu+a)$ 为图 18.4.6 中阴影部分的面积,对于固定的 μ 和 a 而言,该面积随着 σ 的减少而变大. 这说明 σ 越小,X 落在区间 $(\mu-a,\mu+a]$ 的概率越大,即 X 集中在 μ 周围概率越大.

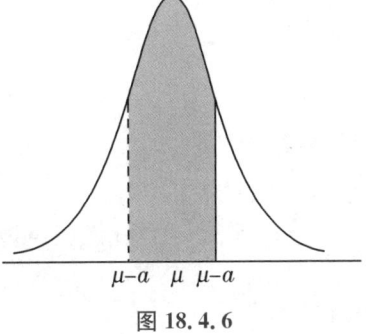

图 18.4.6

特别有

$$P(\mu-\sigma<X\leqslant\mu+\sigma)=0.6826,$$
$$P(\mu-2\sigma<X\leqslant\mu+2\sigma)=0.9544,$$
$$P(\mu-3\sigma<X\leqslant\mu+3\sigma)=0.9974.$$

上述结果可以用图 18.4.7 表示：

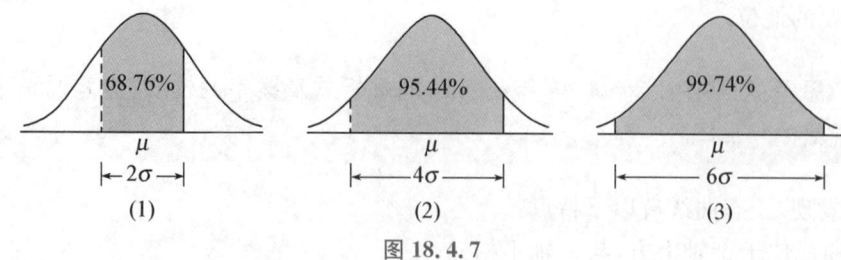

| (1) | (2) | (3) |

图 18.4.7

可以看到，正态总体几乎总取值于区间 $(\mu-3\sigma,\mu+3\sigma)$ 之内．而在此区间以外取值的概率只有 0.0026，通常认为这种情况在一次实验中几乎不可能发生．

在实际应用中，通常认为服从于正态分布 $N(\mu,\sigma^2)$ 的随机变量 X 只取 $(\mu-3\sigma,\mu+3\sigma)$ 之间的值，并称之为 3σ 原则．

随堂练习 ▶

1. 某地区数学考试的成绩 X 服从正态分布，其密度函数曲线图形如图，成绩 X 位于区间 $(52,68]$ 的概率是多少？

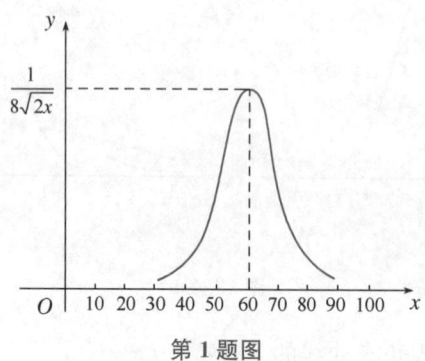

第 1 题图

2. 举出 2 个服从正态分布的随机现象实例．

3. 若 $X\sim N(\mu,\sigma^2)$，问 X 位于区域 $(\mu,\mu+\sigma]$ 内的概率是多少？

习题 18.4

A 组

1. 标准正态总体的函数为

$$f(x)=\frac{1}{\sqrt{2\pi}}e^{-\frac{x^2}{2}},x\in(-\infty,+\infty).$$

（1）证明 $f(x)$ 是偶函数；

(2) 求 $f(x)$ 的最大值；

(3) 利用指数函数的性质说明 $f(x)$ 的增减性.

2. 商场经营的某种包装的大米质量服从正态分布 $N(10,0.1^2)$（单位：kg）. 任选一袋这种大米，质量在 $9.8 \sim 10.2$ kg 的概率是多少？

B 组

1. 若 $X \sim N(\mu, \sigma^2)$，x 为一个实数，证明 $P(X=x)=0$.

2. 若 $X \sim N(5,1)$，求 $P(6<X<7)$.

小 结

一、本章知识结构

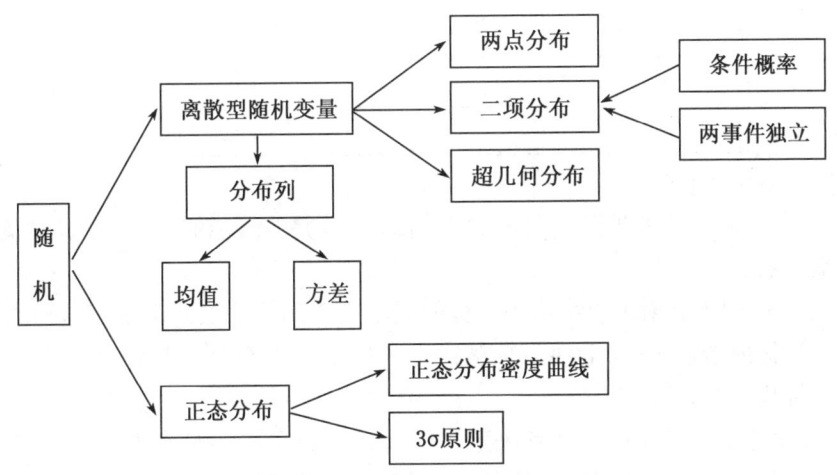

二、回顾与思考

(1) 把随机现象数量化，即用随机变量表示随机现象，使我们可以利用数学工具（如函数、积分等）来研究它们. 研究一个随机现象，就是要了解它所有可能出现的结果以及每一个结果出现的概率. 对于离散型随机变量所表示的随机现象，分布列刻画了该随机现象的概率规律. 你能举出一些离散型随机变量的实例，并列出其分布列吗？

(2) 超几何分布、二项分布是两个非常重要的、应用广泛的概率模型，现实生活、生产实际中的许多问题都可以利用这两个概率模型来解决.

① 你能通过实例说明超几何分布及其导出过程吗？

② 你能利用二项分布这一概率模型，说明下面想法并不正确吗？

"随机掷一枚质地均匀的硬币，出现正面的概率是 0.5. 因此，随机抛掷 100 次硬币，出现 50 次正面的可能性应该也是 0.5."

(3) 离散型随机变量的均值代表了随机变量的平均（或中心）位置，它与样本平均数有类似之处;离散型随机变量的方差刻画了随机变量稳定于(或集中于)均值的程度,它与样本方差有类似之处.你能仿照课本中的例题,举例说明离散型随机变量的均值和方差在现实生活中的作用吗?

（4）实际生产、生活中,许多随机现象都服从或近似地服从正态分布,所以正态分布的应用非常广泛.

① 你能根据正态曲线的特点画出一条正态曲线的草图吗?

② 搜集关于你所在年级同学身高的数据资料,仿照课本中的方法,研究一下你们年级同学的身高分布是否近似服从正态分布? 如果是,请估计参数 μ 的值.

复习参考题

A 组

1. 已知离散型随机变量 X 的分布列为

X	0	1	2
P	0.5	$1-2q$	q^2

则常数 $q=$_____.

2. 已知随机变量 X 取所有可能的值 $1,2,\cdots,n$ 是等可能的,且 X 的均值为 50.5,求 n 的值.

3. 已知每门大炮射击一次击中目标的概率是 0.3,那么要用多少门这样的大炮同时对某一目标射击一次,才能使目标被击中的概率超过 95%? 谈谈你觉得应如何提高击中目标概率的办法.

4. 某商场要根据天气预报来决定国庆节是在商场内还是在商场外展开促销活动.统计资料表明,每年国庆节商场内的促销活动可获得经济效益 2 万元;商场外的促销活动如果不遇到有雨天气可获得经济效益 10 万元,如果遇到有雨天气则带来经济损失 4 万元.9 月 30 日气象台预报国庆节当地的降水概率是 40%,商场应该选择哪种促销方式?

B 组

1. 一份某种意外伤害保险费为 20 元,保险金额为 45 万元.某城市的一家保险公司一年能销售 10 万份保单,而需要赔付的概率为 10^{-6}.选择合适的方法并求:

（1）这家保险公司亏本的概率;

（2）这家保险公司一年内获利不少于 110 万元的概率.

2. 设 $X\sim N(1,1)$,求 $P(3<X\leqslant 4)$.

3. 设 $X\sim N(\mu,1)$,求 $P(\mu-3<X\leqslant\mu-2)$.

参考文献

[1] 杨志敏. 数学[M]. 北京:高等教育出版社,2012.

[2] 詹小平. 数学[M]. 长沙:湖南科学技术出版社,2015.

[3] 刘绍学. 数学[M]. 北京:人民教育出版社,2016.

[4] 严士健,王尚志. 数学[M]. 北京:北京师范大学出版社,2014.